珍藏本·增订本
纪念版

汉译世界学术名著丛书

整体性与隐缠序

卷展中的宇宙与意识

〔美〕戴维·玻姆 著

张桂权 译

洪定国 查有梁 校

David Bohm

WHOLENESS AND THE IMPLICATE ORDER

First Edition

原书 ISBN:9780415289795

本书根据英国卢德里奇出版社 2002 年版译出

汉译世界学术名著丛书
（120年纪念版·珍藏本）
增订本出版说明

2017年10月，为纪念商务印书馆创立120周年，本馆推出“汉译世界学术名著丛书”（120年纪念版·珍藏本），计七百种。近五六年来，仰赖学界同人倾力支持，订正旧译，增补新译，拓展新著，积累日多。为满足读者需要，本馆在七百种的基础上，继续推出“汉译世界学术名著丛书”（120年纪念版·珍藏本·增订本）三百种。至此，“汉译世界学术名著丛书”累计出版已达千种。

今后，本馆将继续推进丛书的翻译出版工作，在积累单本名著的基础上陆续分辑刊行，汇印出版。为促进中外文明互鉴、推动我国学术发展，使“汉译世界学术名著丛书”这项对我国学术文化有基本建设意义的重大工程发挥更大作用，诚望海内外学术界、翻译界继续给予支持，帮助我们把这套丛书出得更好。

商务印书馆编辑部

2024年2月

汉译世界学术名著丛书
（120 年纪念版·珍藏本）
出 版 说 明

2017 年 2 月 11 日，商务印书馆迎来 120 岁的生日。120 年前，商务印书馆前贤怀揣文化救国的理想，抱持“昌明教育，开启民智”的使命，立足本土，放眼寰宇，以出版为津梁，沟通中西，为中国、为世界提供最富智慧的思想文化成果。无论世事白云苍狗，潮流左右激荡，甚至战火硝烟弥漫，始终践行学术报国之志，无改初心。

迻译世界各国学术名著，即其一端。早在 20 世纪初年便出版《原富》《天演论》等影响至今的代表性著作，1950 年代后更致力于外国哲学和社会科学经典的译介，及至 1980 年代，辑为“汉译世界学术名著丛书”，汇涓为流，蔚为大观。丛书自 1981 年开始出版，历时三十余年，迄今已推出七百种，是我国现代出版史上规模最大、最为重要的学术翻译工程。

丛书所选之书，立场观点不囿于一派，学科领域不限于一门，皆为文明开启以来，各时代、各国家、各民族的思想与文化精粹，代表着人类已经到达过的精神境界。丛书系统译介世界学术经典，引领时代思想，为本土原创学术的发展提供丰富的文化滋养，为推动中国现代学术和现代化进程做出了突出的贡献。

为纪念商务印书馆成立120周年，我们整体推出“汉译世界学术名著丛书”120年纪念版的珍藏本，寄望既利于文化积累，又便于研读查考，同时向长期支持丛书出版的译者、编者和读者致以敬意。

两甲子后的今天，商务印书馆又站在了一个新的历史时间节点上。我们不仅要铭记先辈的身影和足迹，更须让我们的步伐充满新的时代精神。这是商务人代代相传的事业，更是与国家和民族的命运始终紧密相连的事业。我们责无旁贷，必须做好我们这代人的传承与创造，让我们的努力和成果不仅凝聚成民族文化的记忆，还能成为后来人可以接续的事业。唯此，才能不负前贤，无愧来者。

商务印书馆编辑部

2017年10月

译 者 序

——戴维·玻姆生平及主要贡献简介

戴维·约瑟夫·玻姆(David Joseph Bohm,1917 年 12 月 20 日生于美国宾夕法尼亚州巴尔小镇;1992 年 10 月 12 日卒于伦敦一家医院,享年 75 岁),把毕生精力奉献给了人类探索实在本性的科学事业。作为一位卓越的量子物理学家,他不仅在主流研究(诸如等离子体物理学理论、金属理论、高能粒子理论以及 AB 效应等)中做出其独特的贡献,而且更重要的是,在量子力学的基础研究中,他以反潮流的大无畏精神和严谨求实的科学态度,对于玻尔(Niels Bohr)创立的量子力学正统观点提出了挑战。四十多年来,他于 1952 年发表的关于量子因果解释的两篇著名论文,一直是实在论物理学家从事量子力学基础研究的鼓舞力量和思想源泉。作为一位伟大的科学思想家,他和爱因斯坦(Albert Einstein)一样,坚持科学的任务不仅在于描述自然,而且在于理解自然。他强调科学观念中概念的明晰性,高度重视第一原理的基础研究。他的自然哲学思想是反还原论的、开放的。他寓西方科学精神与东方哲学于一体,坚持受到现代科学支持的整体性实在观。他关于物质与精神本性的隐缠序观念,超越了传统科学与传统哲学的疆域,对于科学和人类文明的未来具有潜在的深远影响力。

一

玻姆并非出生于科学世家，他的父亲原籍奥匈帝国，犹太血统，是一位成功的家具企业家。后迁居美国宾夕法尼亚州北部的一个矿山小城卫尔斯·巴尔镇。戴维就出生在那个小镇。少年时代戴维就对科学感兴趣，八岁时就开始阅读科学小说。一本天文学的书对其智力形成产生了巨大影响。事隔数十年，玻姆教授仍清楚记得他当时被浩瀚而秩序井然的宇宙深深迷住的情景。自那以后，戴维便与科学结下了不解之缘，将大量时光都花费在阅读与思考上面。他常常迷恋于探寻事物的活动机理，有时甚至设计出一些机械装置。例如，一只“不滴水的壶”就是他的得意之作。戴维的父亲开始为自己的儿子如此地迷恋科学而担忧，总觉得一个人怎能以“科学”谋生。戴维却不愿秉承父旨，操持家业。为了迎接未来生活的挑战，他设想以发明为生，曾为把“不滴水的壶”推向市场而奔走调查过。

在接受物理学启蒙教育的高中阶段，他的抽象思维能力得到了很大的提高，甚至思考过这样的问题：物理学理论是怎样使人们构造起对实在的一种理解的？他在故乡的宾州大学第一次有一定深度地系统学习量子力学和相对论时，立即就着了迷。对于戴维来说，走科学的道路已经成为了他不可逆转的选择，他决心把自己塑造成一名理论物理学家，以物理学的认识形式去探索实在的奥秘。

1939 年，玻姆在宾州大学获得科学学士学位，随即来到加利福尼亚大学的伯克利分校，成了奥本海默（J. R. Oppenheimer）的博士生。当时，奥本海默领导着美国研制原子弹的曼哈顿工程。玻姆参加了加利福尼亚大学辐射实验室有关曼哈顿工程的研究工作。他最早从事的课题是氟化钠在电弧中的电离化研究，这是曼哈顿工程中分离^{238}U课题的子课题。

1943年玻姆完成了关于中子-原子散射的理论研究，获得博士学位。这之后，他继续留在辐射实验室从事等离子体、回旋加速器与同步回旋加速器的理论研究工作。他在该实验室的大量日常工作是解决各种技术性问题。但他特别注重分析等离子体现象的物理机制。他发现，等离子体单个粒子是高度相关的。他率先认识到，等离子体理论为改进对金属电子理论的理解提供了许多实际可能性。因为他深信，用均匀分布的正电荷取代正离子就可以把金属描绘成一个高密度的等离子体。玻姆认为：在等离子体中库仑相互作用极大程度地组织化了（表现为电屏蔽效应与电磁振荡效应），因此，努力设计一种金属的等离子体理论，作为对于单电子金属理论的重大补充，是有价值的。

1947年，奥本海默举荐玻姆到新泽西州的普林斯顿大学任助理教授，担任量子力学课程的教学，同时还给研究生开设等离子体物理学与高等量子力学讲座，并指导他们撰写学位论文。他与研究生派尼斯（David Pines）合作，对于电子相互作用的等离子体描述所做的系统研究*，就是在玻姆前期研究思想指导下进行的。

* D. Bohm and D. Pines, *Phys. Rev.*, 82, no, 5, 625, 1951; *Phys. Rev.*, 85, no. 2, 338, 1952; *Phys. Rev.*, 92, no. 3, 609, 1953.

他们首次用集体坐标描述电子相互作用的长程行为,用粒子坐标描述电子短程行为。在无规相位近似中,集体模式完全消除了对于个别电子的耦合,剩下短程相互作用的电子系统,则可以用微扰理论处理。他们引入的无规相位近似可视为一种时间相关的平均场理论,后来被广泛应用于从原子的壳层电子到夸克物质的各种多体问题之中。

在普林斯顿大学,玻姆还指导了格罗斯(E. P. Gross)、温斯坦(M. Weinstein)和福特(K. W. Ford)等其他学生在量子等离子体物理领域做其他开拓性研究*。格罗斯写道:“……戴维其人过去是——现在仍然是——全神贯注于对于事物本性的平静和深情的探索之中。他与世无争,诚实可信。玻姆给我的第一印象是他来普林斯顿不久所做的一次等离子体物理学的学术报告。当时我正在寻找论文导师。玻姆以其独特的气派为学生选题提供了广袤的范围。显然,必须探索的问题域是巨大的。概念问题与实际问题的交织非常诱人和令人兴奋。一般的论文是按进行中的纲要做简单的下一步。有机会做一篇内容比这多得多的论文是多么幸运啊!我努力做笔记,非常细心地写成讲稿。我把它交给了戴维。于是,他选定了我作为他的学生。我们在一起度过大量的时光。我们有时在黑板上演算,但主要是交谈,戴维无需纸笔也可以探讨理论物理。他对数学的应用得心应手,有意义的结果水到渠成。”

* D. Bohm and E. P. Gross, *Phys. Rev.*, 74, 624, 1984; D. Bohm & M. Weinstein, *Phys. Rev.*, 74, 1784, 1984; D. Bohm & E. P. Gross, *Phys. Rev.*, 75, 1851; 76, 867L, 1949; D. Bohm & M. Weinstein, *Phys. Rev.*, 79, 745L, 1950; D. Bohm & K. W. Ford, *Phys. Rev.*, 79, 745L, 1950; D. Bohm & E. P. Gross, *Phys. Rev.*, 79, 992 - 1001, 1950.

玻姆早期对量子力学的理解受到玻尔互补思想的深刻影响。早在攻读博士学位期间，他就经常跟另一位悉心研究量子力学的博士生约瑟夫·温伯格(Joseph Weinberg)讨论量子理论的哲学蕴涵。当时，玻姆自信是玻尔观点的支持者。他听从一位朋友的劝告，尚未去普林斯顿大学就着手撰写他的《量子理论》(*Quantum Theory*)一书，试图从玻尔的观点来阐明量子力学抽象数学的内在物理意义，以达到通晓量子力学的目的。这著作于1950年完成，次年由纽约普伦蒂斯霍尔(Prentice-Hall)公司第一次出版，至今仍在继续重印发行。一般认为这是当时最好的量子力学教程之一。它的主要优点是：对于量子力学数学程式背后的主要物理思想给出了清晰的阐述，并且相当详细地讨论了通常被别的教程所忽视的困难问题(例如量子理论的经典极限问题、测量问题以及EPR悖论等)。这些问题至今仍是许多基础性研究论文的主题。特别是，玻姆当时就看到了量子力学的非局域性。他用自旋系统重新表述的EPR实验，不仅有利于澄清EPR悖论的实质性争端，而且启示人们用电子偶素衰变或光子联级辐射来设计实际实验。这些现已实施的实验，使这场物理的形而上学辩论转化为技术性很强的硬物理学。

正值玻姆撰写《量子理论》期间，发生了玻姆生平中最不愉快的一系列事件。众所周知，战后冷战初期，美国有一段麦卡锡主义时期。这就是，美国国会参议员麦卡锡(Joseph McCarthy)领导的非美活动委员会跟美联邦调查局于20世纪40年代末与50年代初开展了一场清洗运动。这运动危及到了玻姆。1949年5月25日，玻姆被召到众议院非美活动委员会听证室，要他就“二战”期间与他一道在伯克利辐射实验室从事曼哈顿工程研究的部分朋友和同事对于美国的忠诚问题做出证明，因为他们被无端地指控为共产党间谍或其同情者。玻姆出于对自由的热情信奉，他拒绝作证。经过法律咨询，他决定诉求于美国宪法中关于公民权利的第五修正案，该修正案（1791 年批准生效）明确规定："不能要求案情人物对自己的犯罪作证。"一年以后，他的申辩被驳回，美国联邦调查局以蔑视国会罪对玻姆提出公诉。庆幸的是，在等待法院判决期间，最高法院规定："如果本人没有犯罪，且证词是自陷法网，则不应强迫其作证。"据此撤销了对玻姆的起诉。此间，普林斯顿大学劝玻姆不要在校园内露面，这促使他比预期时间早得多地完成了《量子理论》的撰写。

可是，玻姆刚完成此书，便觉得自己并没有真正理解量子力学。他尤其不满意的是，书中并没有为独立的实在（例如，电子跃迁的实际过程）这样一个合适的观念留下地盘。于是他着手考察量子现象的另一种观点，那就是：如果一个波从某个源扩展开来，那么，另一个波必定汇聚于它被观察到的那个地方；这样，一个波以某种方式产生着另一个波……新的波会扩展到电子将被观察到的那个地方。

当时，玻姆将他的书分寄给了爱因斯坦、玻尔和泡利（Wolfgang Pauli）。玻尔没有答复。泡利热情地称他写得好。爱因斯坦邀请玻姆到他寓所作深入的讨论。他们的讨论集中于批评量子力学不允许对于世界结构做任何理解。多次深入的讨论极大地强化玻姆这样一种信念：就物理学应该对实在做出客观而完备的描述而言，在量子理论中缺少了某种基本的东西。在爱因斯坦的直接激励下，玻姆对于能否找到量子理论的决定论扩展变得极感兴趣。这时，玻姆在普林斯顿大学的合同期满，奥本海默劝他不要在美国找工作，以免麦卡锡主义充分得势后再遇不测。

二

1951年秋，经巴西朋友介绍，玻姆在巴西的圣保罗大学获得教授席位，在那里从事量子理论基础与物理学中的哲学问题研究。果然不出奥本海默所料，玻姆在巴西期间，美国官方取消了他的护照，致使玻姆开始了流亡国外的学术生涯。

玻姆对于现行量子理论的反思使他确信：我们实际上还没有达到量子理论的底层。他一方面接受了爱因斯坦关于量子力学对物理实在的描述不完备的观点，把探索对物理实在更精细的描述定为研究目标；另一方面采取了玻尔关于量子现象的整体性观点，强调微观粒子对于宏观环境的全域相关性，以协调量子力学正统理论的矛盾。这种兼收并蓄的做法使他得以避开冯·诺伊曼(J. von Neumann)关于隐变量不可能性的论证的制约，只按哈密顿-雅可比理论的要求，将薛定谔方程变形并赋予新义，便顺利地发现了他关于量子力学的本体论因果解释。值得提及的是，这一发现是玻姆利用前往圣保罗大学任教前的一段间歇时间进行他所谓的"物理概念实验"的产物。

玻姆关于量子力学隐变量因果解释倡议的两篇论文发表在1952年《物理评论》(*Physics Review*)上[*]。第一篇是针对单粒子

[*] D. Bohm, *Phys. Rev.*, 85, no. 2, 166－179; 180－192, 1952.

系统的;第二篇则把因果解释推广到多粒子系统以及电磁场系统中。后者是为了回答泡利等人的非议而写的。当玻姆将他的第一篇论文预印稿向德布罗意(de Broglie)通告时才得知:他的倡议实质上是1927年索尔维物理学研讨会上德布罗意曾提出过的导波理论。由于未能答复泡利的非议,又得不到对量子理论持反主流观点的爱因斯坦的支持,德布罗意当时不得不放弃了它。现在玻姆受到了泡利的指责,说是"新瓶装旧酒",是早已被驳倒了的恶东西。玻姆的第二篇论文不仅正面抵挡住了正统观点的种种非难,而且,还把德布罗意带回到了他原来的立场上。

1953年至1956年,玻姆发表了一系列论文*,使得他的因果解释变得在技术细节上无懈可击了。它不仅能导出正统观点所能说明的一切统计实验信息,而且,更重要的是,它免除了正统解释中跟量子力学叠加原理以及测量问题相关联的一切概念困扰。玻姆的量子力学因果解释的核心思想涉及两类变量:一类是粒子变量,它是有连续径迹的;一类是波函数,它遵从决定论的演化方程[即薛定谔方程],不仅具有常规的概率幅含义,而且决定着作用于粒子上的量子势。量子势是一切量子效应的唯一缘由。当量子势远小于经典势时,量子粒子便退化为经典粒子。这样,玻姆首次为人们提供了一个自洽的跟经典本体论相连贯的量子力学本体论思想。当时玻姆把使量子力学描述完备的粒子变量视为量子力学的隐变量,而把波函数视为量子力学的显参量。其实,粒子变量是直

* D. Bohm, *Phys. Rev.*, 89, no. 2, 458, 1953; D. Bohm and J. P. Vigier, *Phys. Rev.*, 96. no. 1, 208, 1954; D. Bohm, Schiller and Tiomno, *Supplemento Al*, Vol. 1, Ⅱ, *Nuoro Cemento*, 48-91, 1955.

接显示于测量之中的,而波函数则是间接隐含于量子测量之中。所以,这种因历史原因的用词不当被贝尔(J. S. Bell)指出后,玻姆便放弃了“隐变量”一词,而把他的解释称为本体论解释或量子势因果解释。

在发表量子力学隐变量因果解释论文前后,玻姆一直力图说服爱因斯坦相信他的解释。1953 年 2 月 4 日玻姆在给爱因斯坦的信中写道:“感谢您给我寄来将在玻恩(M. Born)纪念文集中发表的论文(这就是上帝不掷骰子的出处,文中提到玻姆更加机智地发展了德布罗意的原始思想;然而,他们的解决方案是‘廉价的’)。您也许猜到了,我并不完全同意您关于德布罗意和我所倡议的因果解释以及关于玻恩的通常解释所说的话。因为,如我在信中将要说明的,我并不认为玻恩理论实现了这样的条件,即作为一种极限情形,它包含了宏观系统的行为。”1953 年 2 月 17 日爱因斯坦致玻姆复信写道:“十分感谢您对我的小文章的迅速反应。当然,我本不期望您同意我的观点,因为几乎没有人会愿意放弃一项他已经付出巨大劳动的事业。”对此,玻姆于 1953 年 2 月复信写道:“无须说,我仍然不同意您的意见,我认为这并非出于不愿意放弃一项投入巨大劳动的事业。事实上,您也许记得,在写完一本论量子理论的寻常解释的书之后,当提供了使我信服的论据之时,我就放弃了这种解释。可是,我现在认为,您的这些论点并不像以前的、有助于我考察量子理论因果解释可能性的那些论据令人信服。”经过一番辩论,爱因斯坦与玻姆的交锋大为缓和。1954 年 10 月 28 日爱因斯坦在答复同月 18 日玻姆的另一封信中写道:“……从来信中得知您身体很好,并且得知我们的努力(指让玻姆

的评论文章与爱因斯坦的前述论文在玻恩纪念文集一起发表)似乎是成功的,感到非常高兴。跟您一样,最近几年我的大部分努力花在完备的量子理论上。但是,在我看来,我们离问题的完满解决还相当遥远。"

1955年秋,玻姆离开巴西,前往以色列任哈法大学技术学院教授。这是玻姆生涯中最艰难的岁月,虽然,在他流亡期间,能得到挚友与学生们给予的精神支持与安慰。但是在量子理论领域中,逻辑经验主义的哲学思潮已经先入为主地占据了统治地位,一般物理学家已经对于物理学理论基础的研究不再感兴趣了。因此,他的关于量子理论的新见解受到大多数理论物理学家的冷遇。当时他深感缺乏与同行们磋商的机会。就在玻姆处于最艰辛的时刻,幸运地遇到了莎拉·沃尔夫逊(Sarah Woolfson)小姐,她写道:"我第一次遇见戴维时,他义无反顾地去真诚地看待每一件事情的巨大勇气,深深打动了我。他随时准备正视现实,不论结局如何。"玻姆与莎拉于1957年在以色列结婚。

在其学术研究处于近乎孤立的境况中,玻姆从未停止他对于科学真理的追求。他的著作《现代物理学中的因果性与机遇》(*The Causality and Chance in Modern Physics*)*,就是他在巴西与以色列期间撰写的。这本书已有法、俄、德、日、中等多种文字的译本,其原版在继续印刷了25年之后,1984年又以新版发行。玻姆在这本书中倡导并雄辩地阐述了一条崭新的自然哲学观点,即

* D. Bohm, *The Causality and Chance in Modern Physics*, Routledge & Kegan Paul, 1957;中译本《现代物理学中的因果性与机遇》,秦克诚、洪定国译,商务印书馆,1965年初版,1999年再版。

决定论与统计的机遇律是自然定律的单一结构的两个侧面，这个定律结构要比这两者更深入、更具综合性。为了支持这一观点，他建议把量子因果解释中得到的径迹视为亚量子力学层次上一种更深过程的某种平均效果。在亚量子力学层次上存在一种遵从新型因果律和新型统计涨落的结构实体。玻姆反对一切形式的机械论，提出了自然的无穷性观念。他在强调宇宙中事物的无限多样性和无限多质性的同时，又强调宇宙事物的整体性。他认为："基本实在就是存在于变化过程中的事物的总体。……这个总体是囊括一切的。因此，它的存在、它的意义以及它的任何特征都不依赖于它自身之外的任何别的东西。就这种意义而言，变化过程中的事物的无穷整体是绝对的。……变化过程中事物的总体只能借助于抽象序列来表征，而每一个抽象只能在有限范围内、有限条件下及适当的时间间隔内才可能近似有效。这些抽象之间有着许多可以合理地被理解的关系。因此，它们代表着处于相互倒易关系之中的种种事物；每一个用某一具体抽象所表述的理论，有助于界定用别的抽象表述的不同理论的有效域。"

1957 年，玻姆离开以色列来到英国，从 1957 年到 1961 年任布里斯托尔大学威尔逊物理实验室的研究员。在那里，他接纳了一位有才华的研究生阿哈罗诺夫(Y. Aharonov)，他们卓有成效地工作，研究过许多重要问题。其中对物理学主流研究影响最深远的是对电磁势在量子电动力学中的地位的系统研究*，他们首次

* D. Bohm and Y. Aharonov, *Phys. Rev.*, 115, no. 3, 485, 1959; 123, no. 4, 1511-1524, 1962; 125, no. 6, 2192-2193, 1962.

证明了即使在没有电场与磁场的区域内，电磁势对于电荷仍有效应。物理学共同体称之为AB效应。

三

1961年秋，玻姆获得了跟他的声望相称的学术职位，成了伦敦大学伯克贝克学院理论物理教授。虽然，在这之前，美国政府已经撤销了对他的一切指控，并最终允许他返回美国本土。但是玻姆教授选择了伯克贝克学院作为他继续从事量子理论、相对论与当代哲学问题研究的归宿地。

20世纪60年代初，杰克逊(Jackson)和派尼斯组织编辑了一套《物理教学笔记与增补丛书》。这套丛书具有处理问题清晰、坚实、新颖等特点，是大学物理专业高年级学生喜爱的读物。玻姆为这套丛书撰写的《狭义相对论》(*The Special Theory of Relativity*)于1965年出版*。跟他的《量子理论》一样，玻姆的著作以注重物理概念的清晰和强调物理观念和物理理论的整体性，而有别于同类主题的许多其他专著。

从20世纪60年代后期开始，玻姆从量子势及量子整体性的本性出发，认为有必要从根本上重建我们的实在观。他领悟到实现这一目标必须对于物理学惯用的、以事物可分性假设为基础的思维模式和语言表述给予根本的改造。他想要抛弃传统的连续时空中的粒子与场的观念，而以结构过程观念取代之。他称基础层

---

* D. Bohm, *The Special Theory of Relativity*, W. A. Benjamin, Inc., New York, 1965.

次上的结构过程为全运动(holomovement),而物理学所讨论的东西(包括时间、空间、粒子与场等等)则是这种全运动的亚稳与半自洽的种种表现。

从全运动概念到玻姆的隐缠序观念,只需跨越很小的一步。这里值得提到三个动因。首先,追溯到玻姆与印度哲学家克里希纳穆尔蒂(J. Krishnamurti)在 20 世纪 60 年代的交往。这位东方哲学家的著作《第一与最后的自由》(*The First and Last Freedom*)提到观察者与被观察者不可分的观点,正好是量子理论的论题,引起了玻姆的强烈共鸣。不过,克里希纳穆尔蒂指的是精神的整体。玻姆由此领悟到量子理论中的情况与精神中的情况有着很大的相似性。他从东方哲学家那里获得了逾越物理学去探索人类意识的真谛的巨大力量。于是,一位西方物理学家和一位东方哲学家很快成为了探索实在(包括物质与精神)的整体序的学术挚友。

其次,要提到的是唤起玻姆灵感的一个实验。这是 BBC 电视台播放的由英国皇家研究所安排的墨水滴-甘油实验:在一个特制的广口瓶内装有一个由其顶部的手柄操纵的可旋转的圆柱体。在玻璃瓶与圆柱体之间的狭窄空间内盛满甘油,再从瓶的上方滴入一滴墨水。当玻姆注视着手柄旋转操作时,他猛然发现黑色墨水已“卷入”到浅色的黏滞甘油之中,散开得几乎化为乌有了。接着手柄反转,好像变戏法一样,原先的墨水滴又重新出现了,它是从甘油中“展出”出来的。玻姆看到这种现象时,竟惊呼起来“好啦,这就是我所需要的!”此后,墨水滴-甘油实验就成了他解释他的隐缠(卷入)与显析(展出)序理论的一种形象化比喻。

再次,对于卷入-展出观念最有意义的促进因素,也许来自量子力学的格林函数方法。因为这个方法以准确的数学形式表达了前后时刻的波函数信息的卷入-展出关系。由于格林函数方法可以代数化,所以,玻姆认为,描述隐缠序所需要的基本数学将涉及矩阵代数。

玻姆的上述思想先以两篇论文形式发表,后收集在玻姆的第4部著作《整体性与隐缠序》(*Wholeness and the Implicate Order*)之中*。这部力作是他在20世纪60年代和70年代里,探索整体的(普遍)实在与特殊的意识的本性的产物,代表他的自然哲学思想的新发展。玻姆雄辩地证明:科学本身要求一种新的、不分割的世界观。因为,"把世界分割为独立存在着的部分的现行研究方法在现代物理学中是很不奏效的。……业已证明:在相对论和量子理论中隐含的宇宙整体性观念,对于理解实在的普遍本性会提供一种序化程度极高的思维方法。"

在伯克贝克学院物理系,玻姆的研究工作得到了他的同事海利(Basil Hiley)博士的充分理解与支持。自20世纪70年代开始,海利成了玻姆的亲密朋友与合作伙伴。他们在量子理论与相对论基础研究中有效地合作,发表了一系列论文**。此间,玻姆在

---

* D. Bohm, *Wholeness and the Implicate Order*, Routledge and Kegan Paul, London, 1980.

** D. Bohm and B. J. Hiley, *Found. of Phys.*, 5, no. 1, 93 - 109, 1975; *Il Nuovo Cimento*, 35B, no. 1, 137 - 143, 1976; *Psychoenergetic Systems*, 1, 173 - 179, 1976; *Il Nuovo*, 52A, 295, 1979; *Nonlocality in Quantum Theory Understood in Terms of Einstein's Nonlinear Field Approach*, in *Einstein: The First Hundred Years*, Oxford: Pergamen Press, 1980; *Found. of Phys.*, 11, 179 - 203, 1981; *Nature*, Vol. 315, no. 6017, 294 - 297, 1985; *Am. J. Phys.*, 53(8), 1985; *Phys. Lett.*, 55, 2511 - 2514, 1985; *Phys. Reports*, 172, no. 3, 93 - 122.

海利的协助下，指导他们的研究生做了两方面的工作。一是将早期的量子势模型应用于双高斯缝、一维势垒(势井)散射以及自旋测量等具体情形中，通过计算机仿真数值计算，给出了这些情形中量子势与粒子径迹的空间分布。这工作是由菲利皮迪斯(C. Philippidis)与迪德里(C. Deudery)具体实现的*。他们工作的重要意义在于：拨开笼罩物理学大半个世纪的"波粒二象性"迷雾，使人们能直观地把握量子实在的本质特征。第二个方面的重要工作是他们对于量子力学本体解释的重新表述。在新的表述中，量子势的形式特征得到了强调，致使量子势因果解释能较好地推广到相对论领域和量子场论的情形之中**。后一工作是卡罗叶若(P. N. Kaloyerou)的博士论文主题。

玻姆-海利关于量子力学的本体解释，是跟玻姆的隐缠序观念相适应的。在他们看来，在非相对论量子力学因果解释中，作为显析序的粒子变量受到作为一级隐缠序的信息场(即量子势)的调控；而在相对论量子场论的因果解释中，作为一级隐缠序的场变量则受到作为二级隐缠序的泛涵信息场(即超量子势)的调控。在玻姆看来，隐缠序是不可穷尽的。

这里，我谈谈玻姆教授对我的影响与教诲。我在青年时代就酷爱理论物理学，对于现代物理学中的哲学问题颇感兴趣。玻姆的《现代物理学中的因果性与机遇》一书深深地迷住了我。我很快把它译成中文，译文经秦克诚修改后，于 1965 年由商务印书馆出

---

* C. Philippidis, C. Deudery and B. J. Hiley, *Il Nuovo Cimento*, 52B, 15, 1979; C. Deudery and B. J. Hiley, *Found. Of Phys.*, Vol. 12, no. 1, 1982.

** D. Bohm, B. J. Hiley and P. N. Kaloyerou, *Phys. Rev.*, 147, 1984.

版。我有幸于1980年初到伦敦大学师从玻姆教授。他给我的第一印象是谦和慈祥、思维敏捷。我在自我介绍中，对未事先得到同意就翻译他的著作一事深表歉意。他宽宏大度，而且，高兴地告诉我，他的书已有德、俄、法、日四种译本。我当即把中译本赠给他。他非常高兴，随手就从书架上取出《整体性与隐缠序》题名赠我。根据我的情况，他建议我去帝国学院物理所听艾沙姆(Isham)的"代数拓扑"，去国王学院听泰勒(Taylor)的"量子引力"，这使我能更深入地理解玻姆的物理学思想。我发现：玻姆教授重视学术对话与交流，但不求闻达于社会；他作风严谨，生活简朴，爱好古典音乐。几片面包和一杯牛奶就是他的工作午餐。他基本上是步行上下班，夫人在离校几里以外的停车场接送他。

第二年2月的一天，我在图书馆偶然读到胡克(A. Hooker)的一篇论文"形而上学与现代物理学"，很受鼓舞，于是产生了就物理学与物理实在的主题写一本书的念头。回到系里，顿时察觉到，一个完全的物理学理论应是一个四维体系，即理论基本概念的操作定义、理论的数学结构、理论的本体解释和理论的历史延拓。当时我很兴奋，未经预约就跑到隔壁玻姆教授的办公室同他谈了自己的打算。他对于我对物理学作形而上学的探究很感兴趣并表示支持，转身在黑板上写上"metaphysics"这个单词。他说："形而上学是处理事物第一原理的哲学分支。人们并不知道实在的终极本性，所以许多现代哲学家和科学家都反对搞形而上学。殊不知，形而上学是任何人都回避不了的。问题是对形而上学应采取一种正确的、开放的态度，应该不时地对旧有的形而上学观念进行反思与修正，让更好的形而上学观念取而代之。"他又在黑板上并排写上

"ontology"、"epistemology"和"methodology"三个词，分别用线跟"meta-physics"相连，向我详细阐明了它们之间的关系。玻姆的这番教诲对我尔后的工作有着潜在的影响。四个月后，我的手稿《物理学理论的结构与拓展》(*The Structure of Physical Theories and Their Unfoldment*)写成了*。玻姆逐章逐节审阅，连文稿中丢掉的冠词他都一一填上了。我为他的这种极端认真负责的精神深受感动。就是在审稿期间，他的心脏病发作了，7月间就住院做了心脏血管搭桥手术。术后一周，我前往医院探望他时，玻姆夫人告诉我，玻姆教授已坚持自理与独立行走了。当他得知我要在12月份回国时，出院后立即继续审阅我的手稿。最后，在11月底，玻姆与海利一起，花了整整一个下午的时间为我的书写前言。回国后，玻姆和海利一直跟我保持联系，不时地寄来他们的新作以及重要论文的预印稿。恩师对我的教诲我永不忘怀。

1983年秋，玻姆教授从伯克贝克学院物理系退休，成为伦敦大学退休名誉教授。退休后，他仍然关心并指导伯克贝克学院物理系由他开创的关于量子理论与相对论的基础研究。此间，玻姆的学术观点和科学思想在各学术界获得愈来愈多的认可、理解与支持。在玻姆七十寿辰时，由海利与皮特(F. D. Peat)主编的纪念文集《量子蕴涵》(*Quantum Implications*)**问世。撰稿人跨越物理学、哲学、生物学、艺术、心理学等众多领域，包括一些当代最卓越的科学家。它是一部研究玻姆思想及其影响的重要文集。

---

* 其中文之拓展稿，已由科学出版社于1988年出版。

** B. J. Hiley and F. D. Peat eds., *Quantum Implications*, Routledge, 1987.

普里高津(Ilya Prigogine,比利时理论物理学家、诺贝尔奖获得者)写道:“……无需枚举他对于现代理论物理的基本贡献;这些是科学共同体所熟知的。然而,玻姆独到之处在于他深深地卷入到认识论问题之中。”德斯派格纳(B. d'Espagnat,法国理论物理和物理哲学家)写道:“爱因斯坦断言:物理学中最基本的东西不是数学,而是基础概念集。……在我们这一代物理学家中,玻姆显然是第一个用自己的例子来阐明爱因斯坦这一格言的深刻真理的人。许多人(包括我本人)是通过阅读他的1952年论文之后从一种‘教条的昏迷’[康德(Kant)语]中觉醒过来的。但玻姆比任何人都更强烈地告诫我们‘不要从一种教条跳进另一教条’。”贝尔(J. S. Bell,美国理论物理学家)写道:“对于我来说,玻姆1952年论量子力学的论文是一部启示录。他消除了非决定论。这是非常引人注目的。但是在我看来,更为重要的是消除了对于将世界暧昧地分成了一方为‘系统’与另一方为‘仪器’或‘观察者’的任何需求。从那时起,我总觉得在对于量子力学意义的任何讨论中,那些没有掌握这些论文思想的人(遗憾的是,至今他们仍为多数)是智力不足的。……我认为,量子理论(具体的是量子场论)的常规解释是非职业地含糊与暧昧。职业理论物理学家应当能够做得更好;玻姆已为我做出了示范。”

1984年5月11日国际特别使命基金会邀集了44位不同国籍、不同年龄、不同专业的学者,在英格莱斯特郡密克顿兹沃德山庄举行一次周末座谈会,集体访问玻姆教授,请他谈谈关于精神、物质、意义、隐缠序以及从人类自我到上帝本性等一些重大问题的最新近思想。玻姆认为:“对话不仅会改变人与人之间的现存分裂关系，增加人际间和谐与协调，而且，甚至会改变产生出这些分裂关系的意识本性，更大规模地释放出意识的创造力来。”他说：“要从政治、经济和社会各方面改变这个世界，意义变化是必需的，但变化必须始于个人。……对旧思维方式的挑战是化解，而不是以意志或武力对抗、征服、控制或摧毁之。”

1987年《科学、序与创造力》（*Science, Order and Creativity*）* 问世。这是玻姆与皮特的合著，是他俩15年间一系列对话演化的产物，正如该书导言中所表明的，他们对于科学和艺术具有共同的本质持相同的见解。在这部激发思想的著作中，他们追溯了科学的历史，从亚里士多德（Aristotle）到爱因斯坦，从毕达哥拉斯定理到量子力学，关于科学理论怎样演变成现在这个样子，关于怎样消除束缚创造力的障碍以及关于科学怎样才能导致对于社会、人类生存和人类精神本身的更深理解，提出了一系列引人入胜的洞见。

1989年出版的《探寻意义——科学与哲学的新精神》（*The Search for Meaning—the New Spirit in Science and Philosophy*）** 是由派尔凯南（P. Pylkkänen）编辑的文集，它以玻姆的工作为基础，讨论了这样的思想：意义不是一种被动、飘渺的东西，而是主动地确定着精神与自然中所发生的一切的东西。撰稿人坚持这样的观点：为了人类的生存，根本的变化是至关重要的。只有世界

* D. Bohm and F. D. Peat, *Science, Order and Creativity*, Banlam Books, 1987; Routledge, 1989.

** P. Pylkkänen edit, *The Search for Meaning—the New Spirit in Science and Philosophy*, Crucible, 1989.

对于我们意义的改变，才构成世界的真实变化。我们必须重新构建我们对于实在的感知，从而，重新构建生活的意义。一旦我们的恐惧、贪婪与仇恨心理背后的非理性得到了理解，它们就开始化解，从而让位于理智、友谊与同情，只有这时人类才开始治愈自身和这个行星。

玻姆的遗作《不可分割的宇宙——量子理论的一种本体解释》(*The Undivided Universe*)* 是与海利合作的产物。书的内容是他俩 20 多年来讨论的主题，即是否有可能为量子力学提出一种本体解释。他们发现整体性观念是这种解释的核心。一个系统构成一个整体，其整体行为要比其部分行为之和丰富得多。在玻姆-海利的本体理论中，这种整体性是通过非局域性观念表现出来的；后者似乎为相对论所否认，却并不为实验观察所拒斥。尽管如此，非局域性并不太适宜于由微分流形先验地给定与描述的时空结构。因此，他们在该书的最后一章提出了一些他们迫切想要进一步发展的超越现行范式的全新概念。遗憾的是，这部他临终前才完成的著作，在他去世后才问世。

玻姆逝世后，他的许多讲演、文章和文字被陆续整理出来，由英国著名的劳特利奇(Routledge)出版公司出版发行。这些著作是：*Thought as a System* (1992)、*On Dialogue* (1996)、*On Creativity* (1996, edited by Lee Nichol)、*The Limits of Thought* (1999, by J. Krishnamurti and David Bohm)、*Bohm-Biederman*

* D. Bohm & B. J. Hiley, *The Undivided Universe*, Routledge and Kengan Paul, 1993.

Correspondence I:Creativity and Science(1999,edited by Paavo Pylkkänen)。这些千古之作,涉及人类思想的本质、人类各种矛盾与冲突的根源、真理与实在、科学与艺术,以及心灵创造力等一系列重大主题。玻姆也因其贡献而被誉为 20 世纪人类最前沿的思想家之一。

玻姆虽然离开了我们,但他留给人类的精神财富会赋予人们生活以高尚意义,这是值得我们永远纪念的。

玻姆的隐缠序观念是我最先于 1984 年引入国内的(洪定国,“D. 玻姆的隐序观念简介”,《自然辩证法通讯》,1984 年第 6 期),当即引起了国内科学哲学界的关注。

此后不久,我参与了《自然辩证法名词》有关条目的编写。按我的意见,“implicate order”与“explicate order”分别译为“隐序”与“显序”。可是,后来随着我对玻姆哲学思想的加深理解,我觉得原先的译法没有全面把握玻姆的本意。其实,“explicate”意指“在显层面上事物是可分析的”;而“implicate”则意指“在隐层面上事物是相互纠缠、相互参与的”。自从我获得这一顿悟之后,在我的论著中一律把“implicate order”与“explicate order”分别译为“隐缠序”与“显析序”。例如:洪定国,《物理实在论》,商务印书馆,2001 年;戴维·玻姆著,洪定国译,《论创造力》,上海科学技术出版社,2001 年;戴维·玻姆著,洪定国译,《科学、序与创造力》(待出版);洪定国,“21 世纪人类意识的进化与隐缠序实在观的崛起”,《自然辩证法研究》,2000 年第 6 期;洪定国,“量子力学的本体论解释——戴维·玻姆观点简介”,《自然辩证法研究》,2000 年第 8 期;洪定国,“再探意识本性”,《自然辩证法研究》,2001 年第 7

期;洪定国,“复探意识本性”,《自然辩证法研究》,2002年第9期;洪定国,“戴维·玻姆的对话观是对于人类传统思想文化的超越”,《自然辩证法研究》,2003年第2期;洪定国,“论心灵的创造力——四探意识本性”,《自然辩证法研究》,2003年第8期。

本著作的核心思想是:在宇宙与意识的各个显层面上,依据“差异的相似-相似的差异”法则形成种种显析序,进而呈现出各种相对稳定的显结构,但它们只在各个有限的经验域内才是真实的;在更深更广的各个隐层面上,显析序将消解于隐背景的隐缠序之中,呈现出万事万物之整体性;内涵更深的显析序将在隐背景中浮现出来,从而形成崭新的、概括力更强的显结构,然而,新的显析序必将消解于更深层的隐缠序之中。宇宙、意识以及它们的整体,就是在这种卷入-展出的完整运动中演化着,这个过程永远不会完结。

本书翻译程序是张桂权初译,查有梁初校,洪定国校订、定稿并撰写译者序。

洪定国

2000年12月4日

目　　录

谢　辞

承蒙以下机构允许重印有版权的材料，本书作者和出版者谨表谢意。这些机构是：范利尔·耶路撒冷基金会(Van Leer Jerusalem Foundation)［本书第一、第二章引自《破碎性与整体性》(*Fragmentation and Wholeness*)，1976 年］；《学术杂志》(*The Academy*)编辑部(本书第三章引自《学术杂志》，1975 年 2 月第 19 卷第 1 期)；学术出版公司(Academic Press Ltd.)［本书第四章引自贝茨(D. R. Bates)主编的《量子辐射理论与高能物理学》(*Quantum Theory Radiation and High Energy Physics*)第 3 部分，1962 年］；普伦纳姆出版公司(Plenum Publishing Corporation)［本书第五、第六章引自《物理学基础》(*Foundations of Physics*)，1971 年第 1 卷第 4 期第 359—381 页和 1973 年第 3 卷第 2 期第 139—168 页］。

x 导　　言

本书是论文集(见“谢辞”),这些论文代表了我的思想20多年来的发展过程。为了指明将讨论的主要问题以及这些问题是怎样被联结起来的,作一简要说明也许是有用的。

我过去常说,在我的科学和哲学著作中,我主要关心的是将一般实在的本性(nature of reality in general)和特殊意识的本性(nature of consciousness in particular)作为一个结合的整体来理解,这个整体绝不是静止不动的或完成了的,而是处于运动和展开的无限过程之中。回首往事,我发现甚至当我还是一个孩子时,我就为一个确实很神秘的难题迷住了,那就是:运动的本性是什么?每当人们想到一事物时,人们似乎把它理解成静止的东西,或者理解成一系列静止的形象。但是,在对运动的实际体验中,人们感受到的是一个未中断的、未分割的过程;思想中的一系列静形象与这个流的过程有关,正如一系列“静止的”照片可能与快速行驶的汽
xi 车的实际情形有关一样。当然,从哲学方面来说,这个问题上实质上在两千多年前的芝诺佯谬(Zeno's paradoxes)中就提出来了,但是迄今还不能说对此问题给予了令人满意的解决。

然而,进一步提出的问题是,思维(thinking)与实在(reality)是什么关系。正如仔细注意所表明的,思想本身处于实际的运动过程中。也就是说,一个人可以感受到“意识流”的流动感觉,这种

感觉与对一般物质运动的流动感觉没有什么不同。难道思想本身不可以是整个实在的一部分吗？然而，实在的一部分"知道"实在的另一部分意味着什么呢？在何种程度上这才是可能的呢？思想的内容给予我们的仅仅是实在的抽象和简化的"快照"呢，抑或它还能进一步把握我们在经验中感觉到的活生生的运动的真正本质？

显然，在反思和揣摩思想的运动本性与思想对象的运动本性时，不可避免地要提出整体或全体的问题。那种认为处在思考中的人(自我)至少原则上完全分离于和独立于他所思考的实在的观念，自然是坚实地根植于我们的全部传统之中的。(显然，在西方几乎是普遍接受了这种观念，而在东方却一般倾向于在言语上和哲学上否认它，但同时，在大部分东方人的生活与日常实践中这种态度却很流行，且一点不亚于西方。)上面提到的这种一般经验以及大量的关于作为思想寓所的大脑的本性与功能的现代科学知识非常有力地表明，这种把思想与实在分割开来的观点不可能再始终如一地坚持下去了。但是，这使我们面临着一种极其严峻的挑战：我们怎么能逻辑一致地认为一个单一的、完整的、流动的现实存在，如同我们体验到的那样是一个包括思想(意识)和外部实在在内的整体呢？

显然，这促使我们去思考我们总的世界观，这种世界观包括我们关于实在本性所具有的一般观念，以及那些涉及的宇宙之总序的观念，即宇宙论。为了回答我们所面临的挑战，我们关于宇宙论以及关于实在一般本性的观念必须留有余地，以允许对意识作一致的说明。反之亦然，我们关于意识的观念必须为理解意识的内 xii

容是“整体实在”的意义所指留有余地。因此，这两种观念应如此结合，以能理解实在与意识是怎样相关的。

当然，这些问题太多了，无论如何都不可能最终和彻底地解决。虽然如此，对为应对这里已指出的挑战而提出的各种建议进行不断的研究，对我来说，似乎总是重要的。当然，现代科学中流行的倾向是反对这样一项事业的，而主要倾向于相对详细和具体的理解预测，至少，这些预测最终允许在实际中应用。因此，我似乎需要阐明我为何这样强烈地反对这种流行的普遍思潮。

除了我以为什么是那些极为重要而深刻的问题的内在利害所在之外，我还要相关地提醒人们注意意识的破碎化的一般问题，这将在第一章进行讨论。人与人之间普遍存在的区别（种族、民族、家庭、职业等等的区别）正在阻止人类为了共同的利益，甚至为了生存而携手合作，而产生这种情况的主要因素之一是人们把万物看成是本质上分割的、分离的，甚至“分裂”成为更微小的组成部分的，每一部分都被认为是本质上独立的、自身存在的。

当一个人以这种方式想到自己时，他必然倾向于保护他的“自
xiii 我”需要而反对他人的需要；或者，如果他与像他那样的人结成一伙，他就以同样方式保护这个团体而反对其他团体。他不可能认真地把人类看成是基本的实在，认为人类的要求是最早出现的。即使他确实想考虑人类的要求，他也倾向于把人类看成是同自然分离的，等等。在这里我想提出的观点是，一个人思考总体的一般方式，即他的一般世界观，对维持人的心灵本身的总的正常状况是起决定作用的。如果他把总体看作是由独立的碎片构成的东西，那么这就是他的脑子倾向于运作的方式；但是，如果他能够一致和

谐地把各种事物包容成一个总的未分割的、完整的和没有界限(因为每一种界限都是一种分割或分裂)的整体,那么他的脑子也将以同样的方式运作,并且由此将产生出整体之内的有序行为。

当然,如上所述,在这方面我们的一般世界观不是唯一重要的因素。诚然,必须注意许多其他因素,诸如情绪、生理活动、人际关系、社会组织等等,但是或许是因为我们现在根本没有一致的世界观,所以流行一种几乎完全否认这些问题的心理价值和社会价值的倾向。我以为,一种适合于它的时代的恰当世界观一般是造成个体与整个社会和谐的必不可少的基本因素之一。

第一章表明,目前那种把世界分解成为独立存在部分的方法在现代物理学中已经不是很有效了,科学本身正在要求一种新的非破碎的世界观。相对论和量子理论表明,认为宇宙是未分割的整体的观点将提供一种更加有条理的方式,用以考察实在的一般性质。

在第二章,我们深入探究了语言在导致思想的破碎化时所起的作用。这章指出,现代语言的主-谓-宾结构意味着所有的语言
行为都是在独立的主语中发生的,而且这些语言行为不是影响独 xiv
立的宾语,就是反过来影响自身。这种普遍存在的语言结构在整个生活中所起的作用是把存在的总体分割成为独立的实体,这些实体的本性被认为是固定不变的。然后,我们询问能否进行新的语言形式的实验,在新的语言形式中不是名词而是动词起主要作用。这种语言形式像其内容一样将产生一系列流动和相互融合的、不是明显分开或中断的语言行为。这样,这种语言从形式和内容两方面都会与不中断的整个存在的流动运动协调一致。

这里提出的不是一种新的语言本身，而一种运用现存语言的新模式——流模式（rheomode，流动的模式）。我们把这种模式发挥为一种语言实验的形式，主要想用它来透彻地了解普遍语言所起的破碎化作用，而不是提供一种新的、可供实际生活交流使用的交谈方法。

在第三章，我们是在不同的领域内来考虑上述问题的。这章一开始是讨论怎样能把实在的本质看成是根本的普遍运动或过程的一组形式，然后追问我们怎样能以同样的方式来看待我们的知识。因此，这种看问题的方式可能适用于不把意识与实在相分裂的世界观。我们以长篇幅讨论了这个问题，得出这样的观念：我们的一般世界观本身是总的思想运动，出自总的思想运动的全部行为一般是自身协调的且与整个存在和谐的，在后一意义上我们的一般世界观必定是可行的。只有一般世界观本身加入到无终止的发展、进化和展开过程中，这种和谐看来才是可能的；和谐适宜作为普遍过程的一部分，而普遍过程乃是一切存在的基础。

xv 接下来的三章涉及很多的专门知识和数学知识。但是，不是学此专业的读者也能理解其中的大部分，专业部分对于读者理解并不是完全必要的，尽管这些专业知识为那些能读懂的读者增添了有意义的内容。

第四章论述量子理论中的隐变量。在现在的物理学中，量子理论是理解物质及其运动的基本而普适定律的最基本的可行方法。因此，在试图发展一种总的世界观时，显然我们必须认真考虑这种方法。

假如我们对这种冒险事业完全感兴趣的话，量子理论（如它现在所构建的那样)向我们提出了巨大的挑战。因为在这种理论中根本不存在实在可能是物质的普遍构造和结构的基础这种逻辑一致的观点。例如,当我们想采用流行的以粒子概念为基础的世界观时,我们会发现"粒子"(如电子)也能表现为波,粒子能不连续地运动,根本不存在在细节上能运用于单个粒子的实际运动的定律,而只能对这样的粒子的种种大集合作出统计性的预测。反之,如果我们运用把宇宙看成是一个连续的场的世界观,我们会发现这种场必定也是不连续的,跟似粒子的一样;还会发现这种场在其实际行为中遭到破坏,而这种破坏是作为整体的关系粒子观所需要的。

看来很清楚,如果我们试图把实在想象成是能够由我们的物理学定律所论述的东西,那么我们面对的就是彻底破碎化的世界及混乱。现代的物理学家企图回避这个问题,他们认为关于实在本性的全部观点都是没有多少意义甚至毫无意义的。物理学理论中的一切计算被认为是数学方程的发挥,这些方程允许我们预测和控制大量粒子的统计性集合行为。他们认为,这种预测和控制不仅仅是为了实用的和技术的功效,而且它们变成了现代物理学 xvi 大部分工作的一种前提;这种预测和控制就是人类关于它们的全部知识。

这种前提的确是与我们时代普遍存在的风气相吻合的;但是在本书中我主要想指出的是,我们不可能因此而径直抛弃总的世界观。否则,我们会发现我们所得到的将是各种各样的(一般是不合适的)世界观。事实上,人们发现,物理学家们实际上不可能仅仅去进行目的在于预测和控制的计算;他们必须运用以某种关于实在性质的一般概念（例如“作为宇宙的建筑材料的粒子”概念）为基础的思想，而现在这些思想是混乱不堪的（比方说，这些粒子不连续地运动着，同时又是波）。总之，我们遇见了一个典型例子：在我们的思维中多么强烈地需要有某种关于实在的概念，哪怕这种概念是破碎的、模糊混乱的。

我的建议是：在每个阶段，心灵运作的正当序需要对于被普遍认识的东西进行总体把握，不仅用形式的、逻辑的、数学的语言，而且用想象的、情感的、诗的直观语言。（或许我们可以说，这就是“左脑”与“右脑”之间的和谐所指的东西。）这种全面的思维方法不只是产生新的理论观念的丰富源泉：人的心灵运作需要普遍的和谐，反过来这种和谐也可能有助于造成一个有序而稳定的社会。但是，如前几章指出的，这要求我们关于实在的一般观念要连续不断地流动和发展。

第四章接下来论述，从何处着手去发展一种关于哪两种实在
xvii 可以作为在量子理论中已获成功的正确数学预测的基础的一致观点。在物理学家共同体中已经以有点混乱的方式普遍进行了这种尝试。因为人们普遍认为，如果必须存在一般世界观，那么，这种世界观就应该被看成是关于实在本性的“公认的”和“最终的”观点。但是，从一开始我就认为，我们关于宇宙论的和实在的一般本性的观点是处在连续的发展过程中的；而且认为，人们也许不得不首先从那些只是有了某种改进，但还远未能用的观念出发，然后再前进到更好的一些观念。有人想提出关于“量子力学实在”的始终如一的观点，想指出一种按照隐变量理解来解决这些问题的初步途径：对于任何这样的企图来说，第四章提出了许多真

正严肃的问题。

第五章探讨了解决相同问题的不同途径，研究了我们基本的序概念。总的说来，序显然是不能最终加以定义的，它遍布于我们所具有的和所做的（语言、思想、情感、感觉、生理活动、艺术、实践活动等等）任何事物之中。然而，物理学中的基本序许多世纪以来一直是笛卡尔（Descartes）的直线格（rectilinear grid）［在相对论中稍微扩大到曲线格（curvilinear grid）］。在现代，物理学有了长足的进展并出现了许多明显的新特征，但是其基本序概念仍然没有实质上的变化。

笛卡尔的序概念适宜用来把世界分解成独立存在的部分（如粒子或场元）。但是在这一章，我们将更广泛和深入地研究序的本性，将发现在相对论和量子理论中笛卡尔的序概念都导致严重的矛盾与混乱。这是因为相对论和量子理论都暗含：实际存在的情况是完整的宇宙整体，而不是被分解成的独立部分。虽然如此，这 xviii
两种理论在它们关于序的基本观点上也存在明显差别。例如，相对论认为运动是连续的、因果确定的和完全定义的；而量子力学则认为运动是不连续的、非因果确定的和非完全定义的。两种理论都信奉各自关于存在实质上以静止的和破碎的方式存在的观念（相对论信奉独立的事件以及独立事件可由信号联结起来的观念，量子力学则信奉完全确定的量子态的观念）。由此，人们可以理解需要一种新的理论，这种理论抛弃了这些基本的信条，至多重新利用旧理论的某些本质特征，这些特征作为抽象形式来自更深层的实在——在此实在中，未被分割的整体普遍存在。

在第六章中，我们进一步发展了一种更具体的新序观念，这一观念可能适合于未被分割的宇宙整体。这就是隐缠(implicate)序或卷入(enfolded)序。在隐缠序中,空间和时间不再是确定不同成分相互依赖或相互独立关系的主导因素。相反,各种成分之间可能存在完全不同的基本联系,从这种基本联系中我们抽象出了普遍的空间观念和时间观念,以及独立存在的物质粒子的观念,这些普通观念事实上表现为叫作显析(explicate)序或展出(unfolded)序的东西,它是一种包含在所有隐缠序总体中的特殊形式和突出形式。

第六章对隐缠序作了一般介绍,在附录中从数学上予以讨论。但在第七章即最后一章中,对隐缠序及其与意识的关系给予了更详细的(虽然是非专业性)阐发。这会指出某些线索,根据这些线索我们就可能回答这种急迫的挑战:即要求我们发挥出一种宇宙论和一套适合于我们时代的关于实在本性的一般观念。

最后,我希望这些论文中材料的展示过程有助于读者明白本
xix 书的主题自身实际上的展开过程,以致可以说本书的形式是一个可由其内容来解释的例子。

第一章　破碎性与整体性 1

本章的题目叫作“破碎性与整体性”。在今天，考察这个问题尤为重要，因为当今破碎性(fragmentation)观念流传非常广泛，不仅遍及整个社会而且遍及每个个体之中;这就引起了心灵的普遍混乱。这种混乱造成了各种没完没了的问题，并且严重地干扰了我们感知的明晰性，以致阻碍了我们对大部分问题的解决。

艺术、科学、技术和人类的一般成果都被分割成为专业性的东西，而每一种都被认为在实质上是独立于他物的。当对这种事态不满时，人们就进而建立起交叉学科，通过这些交叉学科去把这些专业的东西统一起来，但是，这些新学科到头来还是主要用来增加一些更加分离的碎片。于是，作为一个整体的社会就按这种方式发展着:它被分割成为许多分离的国家和不同的宗教团体、政治团
体、经济团体、种族团体，等等。人类的自然环境相应地被看成是 2
独立存在部分的聚合体，这些部分为不同团体的人们所探索着。同样，每个人按照他的不同愿望、目的、抱负、忠诚、心理特征等等，被分割成为大量分离和冲突的成分。这种分割竟然达到了如此程度，以致一般都承认:某种程度的神经病是不可避免的;而许多超出“正常”分裂极限的个人则被归入妄想狂、精神分裂症者与精神病患者等等。

所有这些碎片都是独立存在的观念，显然是一种幻觉。这种

幻觉只能引起无穷的冲突和混乱。事实上，企图按照碎片是真正独立的观念来生活，实质上导致了我们今天所面临的一系列不断增长着的最紧迫的危机。例如，众所周知，这种生活方式已造成污染、生态平衡的破坏、人口过剩、世界性的经济和政治混乱，并造成了一个对大多数必须生活于其中的人来说不利于身心健康的综合环境。从个人来说，在那些看起来超越控制的，已卷入其中的人甚至无法理解的巨大的不同社会力量面前，普遍发展着一种失望与绝望的情感。

诚然，就某种程度而言，在思想中分割事物并使它们彼此分离，始终是人所需要的，目的在于把问题简化为可处理的部分；因为很明显，如果在实际的技术工作中，我们想同时处理整个实在，那么我们会一筹莫展。所以，从某些方面来看，开拓专业研究课题和对劳动进行分工，乃是前进的重要一步。在更早的时代，人类首次认识到人与自然不是同一的，也是关键性的一步，因为那使得人
3 的思想的某种自主性成为可能，这种自主性使人能超越首先在其想象中而最终在其实际工作中直接给予的人关于自然的种种极限。

尽管如此，人类这种把自身同环境分离开来，以及区分与支配事物的能力，最终导致了广泛的否定性和破坏性的后果。因为人类不再意识到他在做什么，从而把这种分割过程扩展到了它正当地发挥作用的限度之外。本质上说，分割的过程是一种思考事物的方式，这种方式主要在实际的、技术的和功用的活动中（例如，把一块空地分成不同的田块，让各种作物在其中生长）是方便的和有用的。然而，当这种思维模式更广泛地应用到人关于自身和他生

活于其中的整个世界[即应用到他的自世界观(self-world view)]的观念时,人就不再把分割结果看成是纯粹有用的或方便的,而开始把他自己和他的世界看作并经验为实际上是由独立存在的碎片构成的。当以这种破碎的自世界观作指导时,人就要以某种方式将自我与世界打碎,致使一切似乎是符合他的思维方式的。这样,人就获得了他的破碎的自世界观正确性的表观证据,尽管他忽略了这样的事实:按照他的思想模式行动的,是他自己;是他造就了现在似乎具有了一种自主性而与他的意志和愿望无关的存在的碎片。

远古以来,人们就已意识到表观的独立存在的破碎化状态,并经常虚构出比人与自然以及人与人的分裂发生以前更早的“黄金时代”的神话。的确,人类总是在追求整体性(wholeness)——心灵的、生理的、社会的和个人的整体性。

富于启发性的是,英语里“健康”(health)一词是根据盎格鲁-撒克逊人的意指“整体的”(whole)、“健壮的”(hale)一词而产生的。即是说,“健康的”必须是“整体的”。我认为,“整体的”大略相当于希伯来语的“shalem”。同样,英语中的“holy”基于与“whole” 4
相同的词根。所有这些都表明,人类总是感觉到,整体性或完整是使生活有价值所绝对必需的。然而,许多世纪以来,人类已普遍地生活在破碎性之中了。

无疑,这一切为什么会发生的这一问题是需要仔细注意和认真考虑的。

在本章中,我们要集中考察,我们一般的思维形式在支持破碎化和致使我们对整体性或完整的最深沉的渴望破灭方面所起的微妙然而是关键性的作用。为了使讨论有具体内容，在某种程度上我们将以流行的科学研究的言词来谈论，这对我来说是相对熟悉的一个领域(尽管，我们心中当然也记住所讨论问题的全部意义)。

必须强调的是：首先在科学研究中，而后在更一般的境况中，破碎化是由把我们思想的内容看作是“世界本身的描述”这种最通常的习惯所不断地造成的；或者可以说，在这种习惯看来，我们的思想被认为是直接与客观实在相对应的。既然我们的思想充满了差异和区别，那么这种习惯就使人们把这些差异和区别看成是真实的分割，所以世界就被看成是并感受为实际上被破碎成碎片的。

思想与思想所涉及的实在之间的关系，事实上远比纯粹的对应关系复杂得多。例如，在科学研究中，我们大量的思维是以种种理论(theory)表述的。“理论”一词来源于希腊语“theoria”，它和“戏院”(theatre)有相同的词根，简言之，意指“观看”或“观察”。由此可以说，理论原初是一种洞察(insight)形式，即看待世界的方法，而不是关于世界本身的知识形式。

5 例如在古代，人们就有了这样的理论：天上的物质根本不同于地球上的物质，地球上的物体下落很自然，正如天上的物体(如月球)悬浮在天空中一样自然。然而随着近代的到来，科学家们逐渐产生了一种观念，即认为地球上的物质与天上的物质没有本质的区别。自然，这种观念包含着这样的意思：天上的物体(如月球)应该下落。但是长期以来人们没有注意到这一含义。牛顿(Newton)在洞察力的突然闪现中领悟到，既然苹果下落，那么月球也下落，无疑所有物体都下落。这样，他就被引向了万有引力的理论。在这种理论看来，所有物体都在向不同的中心(如地球、太阳、行星等)下落。这就形成了一种考察天体的新方法。在这种方法中,行星的运动不再用古代的天地之间的物质有本质区别的见解来看待了;相反,人们根据天上和地上的所有物质向不同的中心下落的速率来考察这些运动;而当发现某种东西不能以这种方法加以说明时,就有人去寻找并经常发现天上的物体向其下落的未曾见过的新行星(从而显示这种观察方法的相关性)。

几个世纪以来,牛顿的洞察形式一直都很有效,但最终(像以往古希腊的洞察形式一样)当它扩展到新的领域时,就导致了不清晰的结果。在这些新领域中,新的洞察形式(相对论和量子理论)就得以发展。这些理论描绘出了一幅根本不同于牛顿所描绘的世界图景(虽然人们发现牛顿的世界图景在有限的范围内仍然有效)。如果认为理论给出的是对应于“实在自身”的真知识,那就必然得出这样的结论:约 1900 年以前牛顿的理论是真实的,而后当相对论和量子理论突然变成真理时,牛顿的理论就突然变成虚假 6
的了。然而,如果我们说一切理论都是洞察形式的话,那么,这种荒唐的结论就不会产生。这些洞察形式既不真也不假,只是在一定的范围内清晰,而超出这些范围就不清晰。但是,这不意味着我们把理论与假说等量齐观。假说像希腊语中“假说”这个词根所指出的那样,是一种推测,是一种“置于”我们的推理“之下”的理念,是作为暂时的基础,这个暂时的基础将由实验证明其真假。然而众所周知,不可能有旨在覆盖整体实在的普遍假说的真或假的最终实验证据。相反,人们发现[如在托勒玫(Ptolemaeus)本轮情形中或在相对论和量子理论刚问世前牛顿概念失败的情形中],当人们试图用旧理论去洞察新领域时,旧理论会变得越来越不清晰。

一般说来，仔细注意这种情况是怎样发生的，会是导向新理论的主要线索。这些线索进一步构成了一些新的洞察形式。

因此，与认为旧理论终究在一定程度上是虚假的观念相反，我们只能说，人类在不断地发展新的洞察形式。这些新形式在某一特定时间内是清晰的，随后就趋向于变得不清晰。在这种活动中，很明显没有理由认为：已经有或将有一种极终的洞察形式，或者，已经有或将有一种稳定的与这种极终的洞察形式相似的系列。相反，从这件事的本性来看，人们可以期望，新洞察形式的发展将是无穷无尽的（然而，正如相对论利用了牛顿理论一样，这些新形式将吸收作为精华的旧形式的某些本质特征）。但是，如前面指出的，这意思是说，我们的理论主要被看成是看待整个世界的方式（即世界观），而不应看成是“关于万物本身怎样的绝对真知识”（或看成是对于后者的一种稳定逼近）。

7 当我们通过理论洞察来观察世界时，所获得的实际知识明显地将由我们的理论来形成和构成。例如，在古代，关于行星的运动是按照托勒玫的本轮观念（圆圈加在圆圈上）来描述的。在牛顿时代，行星运动是按照精确确定的行星运动轨道来描述的，是按照向不同中心下落的速率来分析的。后来，出现了根据爱因斯坦的空间和时间概念、从相对论来看的事实。稍后，量子理论则对事实做出了非常不同的说明（它一般只给出一个统计的事实）。在生物学中，事实则是按照进化论来描述的，而在早些时候则是按照生物物种不变的观念来表达的。

于是，更一般的情况是，当知觉和活动已知时，我们的理论洞察便是组织我们实际知识的主要源泉。事实上，我们所有的经验都是以这种方式形成的。就像康德(Kant)首先指出的,一切经验都是按照我们的思想范畴来组织的,即按照我们思考空间、时间、物质、实体、因果关系、偶然性、普遍性、特殊性等范畴的方法来组织的。可以说,这些范畴是洞察的一般形式或观察任何事物的方法。所以,在某种意义上说,它们是一种理论(当然,在人类进化的很早时期必定已经发展了这种水平的理论)。

要使观念和思想保持清晰,显然需要我们经常意识到,我们的经验是怎样由洞察(清晰的或含糊的)形成的:这种洞察是由隐含或显现在我们的一般思维方式中的理论提供的。为此目的,需强调,经验和知识是一个过程,不能认为我们的知识是关于某种分离的经验的知识。我们可以把这个过程叫作经验-知识(连字符表示两者是一个完整运动的两个不可分割的方面)。

然则,如果我们没有意识到我们的理论是永远变化着的洞察 8
形式,它赋予一般经验以形式和型式,那么,我们的视野将受到限制。人们可以把这表达为:对自然的经验非常类似于对他人的经验。如果一个人以把另一个人当作需加防患的"敌人"的固定"理论"来对待他,那么,他就做出类似的反应。于是,他的"理论"显然会被经验所证实。同样,自然做出的反应将与研究它的理论一致。例如在古代,人们认为瘟疫是不可避免的,而这种想法有助于人们按瘟疫蔓延所赖以的条件的方式去行动。用现代的科学洞察形式来看,人们的行为是这样的:他改变了瘟疫传播所赖以的不卫生的生活方式,因此瘟疫不再是不可避免的了。

阻止理论洞察超越存在着的种种局限并变更以适应新事实的,正是那种认为理论给出了关于实在的真知识(自然,它暗示着理论是不需要变化的)的信念。虽然我们现代人的思维方式相对于古代人的思维方式已经发生了巨大的变化,但是,这两种思维方式有一个共同的本质特征,即它们一般都被理论给了“实在自身”以真知识这种观念所蒙蔽。因此,这两种思维方式都使我们把知觉中由理论洞察引入的形式和模式与独立于我们的思想和洞察方式的实在混淆起来。这种混淆是非常关键的东西,因为它引导我们按照多少是僵化的和受限制的思想形式来看待自然、社会和个人,从而明显地使我们不断地加强这些思想形式在经验中的种种限制。

这种对于我们思维形式种种限制的不断强化,对于破碎化具有特殊意义。因为,每一种理论洞察形式都引入了自身的本质差
9 异和区别(如,在古代,本质的区别是天上的物质与地上的物质的区别,而牛顿理论的本质是分辨出一切物体向其下落的各个中心)。如果我们把这些差异和区别看成是观察的方式,是知觉的指引者,那么这并不意味着,它们表示分离地存在着的物质或实体。

另一方面,如果我们认为理论是“实在本身的直接描述”,那么,我们将不可避免地把这些差异和区别看成是区分,这意味着在该理论中出现的各种基本术语是分离存在的。这样,我们就会陷入那种以为世界实际上是由分离的碎片构成的幻象之中;并且,如已指出的那样,这会使我们以我们事实上造就的那种隐含在我们对理论的态度之中的破碎化的方式来行动。

强调这一点是很重要的。例如,有人可能会说:“城市、宗教、政治制度的分裂,战事冲突,一般暴力,杀亲行为等等都是实在的,而整体只是一种我们或许应该争取的理想。”但这不是这里所说的

东西。相反，应该说的是：整体是实在的，而破碎化是这个整体对于人的由破碎思想形成的虚幻感知所引导的行为的反应。换言之，正因为整体是实在的，人及其破碎化的方法才不可避免地得到一个相应的破碎化反应的回答。所以，人们需要对于其破碎的思维习惯给予注意，要意识到它并从而使之寿终正寝。这样，人们看待实在的方法才会是整体的，因而反应也将是整体的。

然而，要使这情况出现，至关重要的是：人们应该这样地意识到其思想的活动性，即它是一种洞察形式，一种观察方法，而不是“实在自身的真实摹本”。

显然，我们可以有大量的各种各样的洞察形式。这里需要的
不是思想的整合或一种强加的统一，因为任何强加的观念本身都 10
只是另一种破碎化。相反，我们思维的一切不同方式都应被看成是观察单一实在的不同方式；在一定领域内，每一种方式都是清晰的和适当的。人们的确可以把理论比作关于某种对象的特殊观点。每一种观点都只是描述了对象的某一方面的表象。整个对象不是由任何单一的观念来理解的，这个对象只是作为在所有这些观点中表现出来的单一实在而被含蓄地把握的。当我们深刻地理解到，我们的理论也是以这种方式起作用的时候，我们看待实在并对它施加作用就不会陷入这样的习惯之中：好像实在是由分离存在的碎片构成的，这些碎片符合于当我们把理论看作是“对实在本身的直接描述”时实在呈现在我们的思想和想象之中的方式。

除一般地认识到上面指出的理论的作用之外，还需要对那些有助于表达我们总的自世界观(our overall self-world views)的理论给予特别的重视。因为在相当程度上说，正是在这些世界观中，

我们关于实在本性的一般观念得以或暗或明地形成。在这方面，物理学的一般理论发挥着重要作用，因为这些理论被看作是论述构成一切物质的普遍本质的，是论述一切物质运动都藉以描述的空间和时间的。

例如，我们来考察两千多年前的德谟克里特(Democritus)首先提出的原子论。从实质上说，这种理论引导我们把世界看成是由在虚空中运动的原子构成的；大尺度物体的永恒变化着的形式和特征被看成是运动着的原子改变排列的结果。在某些方面，这种观念显然是认识整体性的一种重要模式。因为它能使人们用一
11 组单一的基本成分穿过遍及整个存在的单一虚空的运动来理解整个世界的大量变化。但是，当原子论发展后，它最终就成了以破碎方式处理实在的主要支柱。因为它不再被看成是一种洞察、一种观察方法；相反，人们把这样一种观念看成是绝对真理，即认为整个实在实际上只是由或多或少机械地共同作用的“原子建筑块”构成的。

自然，把任何物理学理论作为绝对真理都必然导致物理学中一般思想形式的僵化，从而导致破碎化。然而除此之外，原子理论的特殊内容本身尤其有利于破碎化，这是因为在这种内容中包含的是：全部自然，连同人，包括他的大脑、他的神经系统、他的心灵等，原则上都完全能按照分离存在的原子聚集物的结构和功能来理解。在人们的实验和一般经验中，原子论观念得以确认的事实，自然地就作为这种观念的正确性和它确为普遍真理的论据。这样，几乎科学的全部分量都被置于对于实在的破碎化方法之后。

然而，应强调指出的是，(如通常在这些情况中所发生的)实验

对原子观念的确证是有限度的。实际上，在量子理论和相对论适用的领域内，原子论的观念引起了混乱，这表明需要新的洞察形式，这种新洞察形式之不同于原子论，正如原子论不同于在它问世前的那些理论一样。

例如，量子理论表明：企图描述和追踪原子微粒精确细节是没有多少意义的（在第五章将详细论述这点）。原子轨道的观念只有一个有限的可适用领域。在更详细的描述中，原子的行为在
许多方面跟与粒子一样像波；或许最好把原子看成是一朵稍受限 12
定的云，因为它的特殊形式依赖于包括观察工具在内的整个环境。所以，人们不能再坚持划分观察者与被观察者（这种划分隐含在原子论观点中，原子论把观察者和被观察者的每一方都看成是原子的分离的聚集体）。毋宁说，观察者和被观察者是一个整体实在的、结合在一起并相互渗透的两个方面，它们是不可分割也不能分解的。

相对论把我们引向的观察世界的方式，在某些主要方面相似于量子理论中的情形（见第五章对这点的详细论述）。从爱因斯坦的不可能有比光更快的信号的观念出发，可以推断刚体概念瓦解了，而刚体概念却是经典原子论的关键。因为在经典原子论看来，宇宙的最终组成部分必须是微小的、不能分割的物体；而要使这成为可能就只能使不能分割的物体的每一部分严格地受到其他一切部分的限制。在相对论中需要的是完全抛弃世界由基本物体或“建筑块”构成的观念。相反，人们必须用普遍的事件流和过程来看待世界。例如，如图 1.1 中 A 和 B 所示，人们应该设想一根“世界管”（world tube）来取代一个粒子。

13

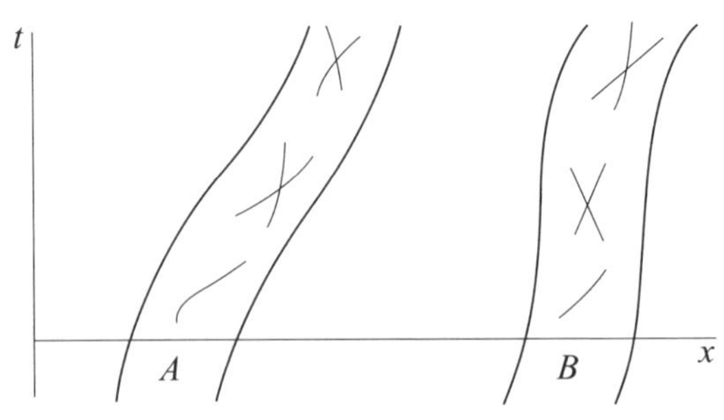

图 1.1

这世界管表示一个其中心被限制在管内的结构的一个无限复杂的运动和发展过程。然而，即使在管外，每个“粒子”都有一个在空间扩展的、并与其他粒子场融合在一起的场。

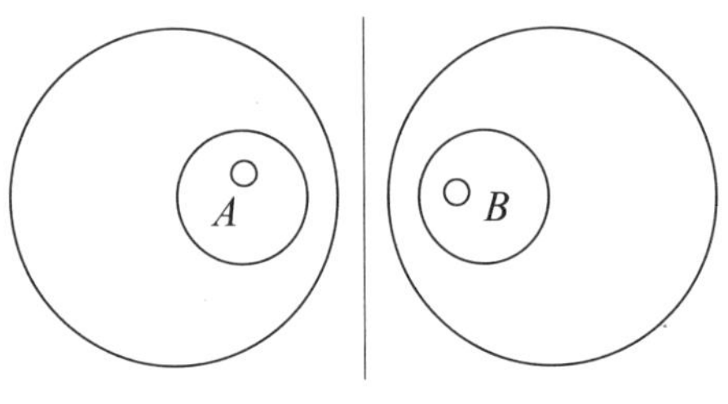

图 1.2

表达这类事物的意思的一个更生动的图像，是把波的形式看成是流动溪流中的旋涡，如图 1.2 所示，两个旋涡对应于液体流动的稳定模式，它们或多或少集中在 A 和 B 上。不言而喻，这两个旋涡应被看成是抽象之物，是为了在由我们的思维方式决定的知觉中突出它们而引入的；而实际上，这两个被抽象出来的流模式在流动溪流的整个运动中是融合和统一的。它们之间不存在明显的分隔，它们也不应该被看成是分离的或独立的存在实体。

相对论需要这种观察原子微粒的方式；原子微粒组成一切物

质，当然包括人及其大脑、神经系统，以及人所建造并在实验中使用的观察工具。因而，尽管探讨这个问题的方式不同，但相对论和量子理论在如下观点上是一致的：有必要把世界看成是未被分割的整体(undivided whole)，由此看来，宇宙的所有部分，包括观察者及其使用的工具，都融合统一在一个总体之中。在这个总体中，原子论的洞察形式是一种简化和一种抽象，它只在某种有限的境 14
况中有效。

这种新的洞察形式或许最好叫作流运动中的未被分割的整体。这观点意味着：在某种意义上，流(flow)先于可被认为是在这流中形成和消失的“事物”的流。人们或许通过考察“意识流”能够说明这里所指的东西。意识流是不能精确定义的，但它明显先于可视为在意识流中形成和消失的、确定的思想和理念形式，就像涟漪、波浪和旋涡是在流动的溪流中形成和消失一样。跟溪流中的这些运动模式的产生与消失一样，有些思想多少以稳定的方式产生与消失，而其他思想是瞬息即逝的。

关于新的一般洞察形式的倡议是：一切事物都具有这样的本性，即存在一种普遍的流，它不能被清晰地定义而只能被含蓄地了解，它可以通过清晰定义的、能够从这种普遍流中抽象出来的可明显确定的形式和模式(有的稳定，有的不稳定)来说明。在这种流中，精神和物质不是分离的实体：相反，它们是一个完整和未破缺的运动的不同方面。以这种方法，我们能够把存在的所有方面看作不是彼此分割的，从而，我们就可以结束隐含在对于原子观点的通常态度中的那种破碎性，这种破碎性使我们对事事都加以彻底地分割。不过，我们仍然可以理解原子论有一个方面是提供了正确而有效的洞察形式的，即，尽管未被分割的整体处于流运动中，但能从中抽象出的各种模式仍然有一定的相对自主性和稳定性，这种自主性和稳定性确实是由流运动的普遍规律所提供的。然而现在，我们清楚地知道了这种自主性和稳定性具有各种局限性。

这样，在一些特定的境况中，我们可以采用其他各种洞察形
15 式，使我们暂时为了某种有限目的去简化某些事物并处理它们，就好像这些事物是自主的和稳定的，甚至或许是分离存在的。然而，我们并不因此而一定要掉入以这种方式来看待我们自身和整个世界的陷阱之中。这样，我们的思想就不再会导致那种幻觉，即以为实在实际上具有破碎性，也不再会导致那些相应的出自于被这种幻象蒙蔽的知觉的破碎行为。

上面讨论的观点在某些关键方面是跟一些古希腊人所主张的观点相类似的。考虑亚里士多德的因果性观念，可以说明这种类似性。亚里士多德划分了四种原因：

质料因(material)
动力因(efficient)
形式因(formal)
目的因(final)

理解上述划分的一个很好的例子可以这样获得，即考虑某种有生命的东西，例如一棵树或一只动物。质料因恰好是这样的东西：所有其他的原因都通过它而起作用，事物是由质料因构成的。例如在一株植物中，质料因是土壤、空气、水和阳光，质料因构成这

株植物的实体。动力因是外在于所涉事物的某种作用,它允许整个过程在控制下进行。譬如在一棵树的例子中,这棵树的种子的播种就可被看作是动力因。

在这境况中具有决定意义的是理解形式因的含义。不幸的是,在“形式的”(formal)一词的现代涵义中,它主要涉及的是不甚重要的外部形式[如词语“formal dress”(礼服)或“a mere formality”(纯粹的礼节)中所指的]。然而,在古希腊哲学中,*形式*一词首先是指一种内在的、万物成长之因的*形成活性*(forming activity),它也是事物各种实质形式发展和分化的原因。譬如在橡树的例子 16
中,“形式因”一词所指的就是包括树液、细胞的生长、枝叶的连结等等在内的整个内部运动,这种内部运动足以表现橡树的特征,是不同于在其他树种中发生的内部运动。用更现代的语言来说,更合适的是把形式因看成是*形成因*(formative cause),以强调形式因所涉及的不是一种从外面强加的纯形式,而是*一种事物的实质所不可或缺的、有序和有结构的内部运动*。

很显然,任何形成因都必定有其目的或产物,这目的或产物至少是隐含的。例如只涉及橡实(橡树由之产生)的内部运动,而不同时涉及作为这种运动的结果的橡树,那是不可能的。所以,形成因总是包含了目的因的。

当然,我们也知道目的因是*设计*,是通过思想在心灵中有意识地保持住的(这种观念被扩展到了上帝,人们认为上帝是按照某一宏伟设计来创造宇宙的)。然而,设计只是目的因的一种特例。例如,人们经常在思想中想达到某些目的,但从他们的*行动*中产生的实际结果通常是与他们设计的东西不同的,然而这些东西却是隐含在他们的作为之中的，虽然这一点不为参与者所自觉地意识到。

从古代的观点来看，对于有生命的心灵和对于作为一个整体的宇宙来说，形成因的观念实质上具有同样的本性。事实上，亚里士多德把宇宙看作是一个有机体，这个有机体中的每一部分都是在与整体的联系中生长和发展的，每一部分在此有机体中都有其适当的位置和功能。对于心灵来说，我们可以把注意力集中在意识的流运动上，用更现代的语言来理解这种观念。如前所述，首先一个人可以在意识的流动中识别出各种思想型式。这些思想型式
17 通过由习惯和适应决定的联想而相对机械地交替引出。显然，这种联想的变化是外在于所涉思想的内部结构的，因此联想的变化类似于一系列动力因的活动。然而，发现一事物的理由(reason)并不是具有这一本性的机械活动；相反，如果一个人意识到被同化在单一整体中的每个方面，那么，所有这些方面都是内在地相关的(例如，像身体的各个器官一样)。这里必须强调指出：推理活动实质上是一种通过心灵的感知，它在一定程度上类似于艺术家的感知，而不只是重复联想已经知道的原因。例如，一个人可能为众多的因素、完全不相匹配的事物所迷惑，直到灵感突至，这时他才明白所有这些因素是怎样作为一个总体的诸方面而相关的(例如，考虑牛顿对万有引力的洞察)。这些感知行动不可能得以恰当地进行详细分析或描述。相反，它们应被看成是心灵的形成活性的各个方面。于是，种种概念的特殊结构就是这种活性的产物，这些产物是由一系列在日常的联想思维中起作用的动力因联结起来的——而且，如早已指出的：在这一观念中，人们把这种形成活性看作是根本性的，就像它在心灵中那样；因此，这些产物形式在本

性上也是由动力因联结起来的。

显而易见，形成因的观念是跟处于流运动中的未分割整体的观点相关的，我们已经看到这一观点包含在现代物理学特别是相对论和量子理论的发展中。例如，如已经指出的，每个相对自主和稳定的结构(如一个原子)不应被理解为独立的和永久存在的东西，而应被理解为在整个流运动中形成的产物，这个产物最终将重新消失在流运动之中。于是，这个产物形成和维持下去的方式取决于它在这个整体中的位置和功能。所以我们看到，现代物理学 18
的某些发展包含了一种对于自然的洞察。从形成因和目的因的观念来看，这种洞察实质上与人类早期共同的观察方式是相似的。

然而，在当代物理学所做的大部分工作中，形成因和目的因的观念并没有被认为具有首要意义。相反，人们仍然普遍地把定律设想为一种动力因在宇宙的一组终极物质成分中运作的自确定系统(例如，基本粒子受基本粒子之间相互作用的力的支配)。这些物质成分不被视为在总过程中形成，从而不像器官那样能在整体中调整其位置和功能(即达到它们在这个整体中所服务的目的)。相反，人们倾向于把它们设想成具有固定性质的分离存在的机械元素。

因此，现代物理学中的主要倾向是极力反对任何这样的观点：即给予流运动的未分割整体的形成活性以首要性。实际上，相对论和量子理论中确实暗含着需要这种观点的那些方面容易被忽略，而且事实上大多数物理学家几乎未予以注意，因为这些方面主要被看成是数学演算的特征，而没有被当作是事物真实本性的指示。当这种倾向转化成物理学中的非形式语言和思维方式(这种非形式语言和思维方式充满着想象并激起对实在和真实的东西的意识)时,大多数物理学家仍然以对真理的确信,按照传统的原子论观念来谈论和思维。这一观念认为:宇宙是由基本粒子构成的,基本粒子是“基本的建筑块”,一切事物都由此产生。在其他科学(如生物学)中,对真理的确信程度甚至更高,因为在这些科学领域中,人们几乎没有意识到现代物理学发展的革命性特征。例如,现
19 代分子生物学家们普遍相信,全部生命和精神现象最终或多或少能通过用机械的术语对 DNA 分子的结构和功能所做的工作进行某种扩展来理解。在心理学中,类似的倾向已开始占主导地位。这样,我们得到的是一种非常奇怪的结果:生命和精神的研究领域本是这样的领域,在其中人们能最明显地经验和观测到在未分割和未破缺的流运动中运作的形成因,然而,现在人们最信赖的却是对于实在的破碎化原子论进路。

当然,科学中这种按照破碎化的自世界观来思维和理解的流行倾向只是一种大规模运动中的一部分;这运动已发展了很长一段时间,今天几乎遍布于我们整个社会之中。反过来,科学研究的这种思维和观察方式极易增强普遍的破碎化方法。因为,这种思维和观察方式给人们提供的世界图景是,整个世界只不过是分离存在的“原子建筑块”的聚集体;并且,为破碎化的自世界观是必然的和无法避免的结论提供着实验证据。这样,人们便以为,破碎化就是“每一事物真正的存在方式”的一种表达,而其他情况则是不可能的。所以,寻找相反证据的倾向是几乎不存在的。实际上,如已指出的,即使相反的证据提出来了,如在现代物理学中那样,普遍的倾向也是尽量低估其意义,甚至完全不理它。事实上人们可以

说，在社会现状中，在现在的一般教学模式（它是社会现状的表现）中，有利于破碎化的自世界观的那种偏见得到了培养和传播（在某种程度上是明显的和有意识的，但主要是隐含的和无意识的）。

然而，如已经指出的，为这种破碎化的自世界观所指导的人们 20
最终必然在他们的行为中力图把自己和世界分裂成碎片，以符合他们一般的思维方式。首先，既然破碎性是企图把世界分解成为分离的部分这种观念扩展到这种观念适用的领域之外，那么其结果就是企图分割实际上不能分割的东西。其次，它还企图引导我们去统一实际上不能统一的东西。这一点从人们在社会中分成的不同团体（政治的、经济的、宗教的团体等等）中可以特别清楚地看到。正是形成这种团体的活动本身容易使这些团体的成员形成同世界上其他人相分割和分离的意识，但是因为这些团体的成员实际上是与整体相联系的，所以这种意识是不可能有效的。事实上，每个成员都有其特殊的方面，这迟早会表明他与这个团体的其他成员存在差异。每当人们把他们自己同整个社会分割开来，而以企图在团体内部实行同一化来达到统一时，很显然这个团体最终必然会发生内部冲突，这种冲突将导致这个统一体的毁灭。同样，当人们企图在实际工作和技术工作中分离出自然的某一方面时，类似的矛盾状态和解体状态将逐渐形成。当个人企图同社会分离开来时，他会发生同样的情况。个人内部的真正统一、人和自然之间的真正统一以及人与人之间的真正统一，只能产生在不企图使整个实在破碎化的行为之中。

我们破碎化的思维方式、观察方式和行为方式显然隐藏在人类生活的各个方面。这就是说，就一种相当有趣的讽刺而言，破碎

化似乎是我们唯一的生活方式，它普遍存在于我们的全部生活之中，它没有边界、不受限制地通过整体而运作。之所以这样，是因为破碎化根深蒂固。如上所说，我们企图把完整的和不可分割的
21 东西分割开来，而这就意味着在下一步我们要去同一不同的东西。

所以，破碎化实质上是一种围绕着差异与同一[或一体性(oneness)]问题而发生的混乱，但是，在生活的每个方面，我们必须明晰地感知这两个范畴。把有差异的东西与无差异的东西混淆起来，也就是把所有的东西混淆起来。所以，我们的破碎化思想方式正在造成普遍的危机：包括个人的和整个社会的社会危机、政治危机、经济危机、生态危机、心理危机，等等，这绝不是偶然的。这种思想方式意味着让混乱和无意义的冲突无休止地发展；在这种发展中，所有的精力极容易被对立的活动或者为了相反目的的活动所消耗掉。

很显然，我们的当务之急是要消除渗透在我们全部生活中的那种根深蒂固而又流传甚广的混乱。如果心灵受染于混乱的活动，通常把不是不同的东西区别开来而把不是同一的东西同一起来，那么试图采用社会的、政治的、经济的或其他的行动有什么益处呢？这种行动在最好的情况下也是无效的，而在最坏的情况下则是具有真正破坏性的。

企图把某种僵化的综合或统一的“整体论的”原则强加在我们的自世界观上也是徒劳的，因为如前所述，任何形式的僵化自世界观都意味着我们不再把理论看作是洞察或者观察方式，而是把理论看成是“关于万物实际上如此的绝对真知识”。所以，不论我们喜欢与否，在每一种理论(即使是“整体论的”)中，不可避免地存在

着的差异将被错误地处理为分离的事物，这隐含着有差异的项是分离存在的（因此相应地，没有如此差异的东西将被错误地看成是绝对同一的）。

因此，我们必须警觉起来，仔细注意和认真考虑如下事实：我们的理论不是“对实在本身的描述”，而是不断变化着的洞察形式，
这些洞察形式能够表明或指出一个隐含的、却不可在其总体上加 22
以描述和标明的实在。因此，即便对于本章这里所说的也还需要警觉，就这一意义而言，这一点不应被视为“关于破碎与整体本性的绝对真知识”，而是洞察此问题的一种理论。要让读者自己去判断：这一洞察是否清晰，其有效性限度又是什么。

那么，为了结束普遍存在的破碎性状态，我们能做些什么事情呢？乍看起来，这似乎是一个合理的问题，但仔细考察后就会使人怀疑这个问题事实上是否合理，因为人们可看到这个问题包含了一些不明晰的前提。

一般来说，如果有人问怎么才能解决某个技术问题，那么这包含有如下前提：尽管我们开始时不知道答案，但我们的心智明晰得足以去发现一个答案，或者至少去识别别人发现的一个答案。但是，如果我们全部的思维方式都渗透进了破碎性，这意味着我们不能这样。因为破碎性感知实质上主要是关于什么是差异、什么不是差异问题的无意识的混乱习惯。所以，在我们试图去发现对破碎性应采取什么行动的行为中，我们会继续遵循这种习惯，从而倾向于引入更加破碎的形式。

当然，这不完全意味着根本没有出路，而是说我们必须暂时停下来，以便在寻找唾手可得的答案时不采用习惯性的破碎思

维方式。破碎性与整体性问题是一个微妙和困难的问题，它比导致科学中根本性的新发现的那些问题更微妙、更困难。询问怎样结束破碎性并期望立刻得到答案，倒不如询问当爱因斯坦在研究他的理论时我们怎样发展出一种像他的理论一样新的理论，并期
23 望有人根据以公式或方案表达的某种纲要告诉我们应该做什么更为合理。

关于破碎性与整体性问题的最困难、最微妙的一点就是，阐明思想的内容和产生这一内容的思想过程之间的关系是怎样的。实际上，破碎性的主要来源之一是人们普遍接受了这样的前提：即思想的过程是完全分离于和独立于其内容的，以允许我们一般能进行明晰、有序、合理的思维，这种思维能正当地判断思想内容的正确与否、合理与否，是破碎的抑或是整体的，等等。事实上，如已看到的，包含在自世界观中的破碎性不仅存在于思想内容之中，而且存在于“正在进行思维”的个人的一般活动之中，因此，包含在思想过程中的破碎性并不亚于包含在思想内容中的破碎性。实际上，思想内容与思想过程不是两个分离存在的东西，毋宁说，它们是关于一个整体运动的观点的两个方面。因此，破碎的思想内容和破碎的思维过程必定一道终止。

我们在这里必须论及的是思想过程与其内容的一体性。从主要方面来说，这种一体性类似于观测者与被观测物的一体性，这在论述相对论与量子理论时已讨论过了。只要我们有意无意地被卷入企图按照假定的思想过程与其产生的思想内容之间的分离来分析思想本身的思想方式之中，就不能恰当地解决一体性问题。接受这种假定以后，接下来我们就会被引导去幻想通过动力因而行

动，以为不触及实际的思想过程中的破碎性，动力因就能结束思想内容中的破碎性。然而，所需要做的事情是以某种方式掌握破碎性的全部形成因，内容与实际过程在这中间一道被视为一个整体。

这里，人们可以考虑溪流中一团动乱的旋涡景象。旋涡的结 24
构与分布（它们是运动描述的内容）不是与流动着的溪流的形成活性相分离的，这种形成活性产生、维持、最终又消解全部旋涡结构。所以，想消除旋涡而又不改变溪流的形成活性显然是荒唐的。一旦我们的思想受到对整体运动意义所做恰当洞察的指引，我们显然就不会倾向于采用这种徒劳的方法。相反，我们会考察全部情况，谨慎、仔细地去了解它，从而会发现实际上什么是相关于整体的行动，藉以结束旋涡的动荡结构。与此类似，当我们真正把握住了我们实际上正在进行的思想过程所产生的思想内容是同一的这一真理时，我们就能用这种洞察来观测、考察、了解全部思想运动，从而去发现与这整体相关的行动，藉以结束生活中方方面面的破碎性的实质的“动乱”运动。

当然，这种了解和发现需要专心致志地做大量的艰苦工作。我们准备在诸如科学的、经济的、社会的、政治的等广泛领域中给予这样的关注，并去做这样的工作。然而，迄今为止极少或根本没有哪个领域深入到了思想过程中洞察的创造性上，而所有其他东西的价值都取决于明晰的洞察创造性。首位需要的是，不断地增进对于破碎思想过程继续发展的巨大危险性的认识。这种认识会要求人们去探究思想实际上是怎样运作紧迫的感知与有精力的感知的。要应对我们现在面临的破碎性所给予的真正巨大的困难，这种探究是必需的。

25 附录：东西方洞察整体性的概述

在文明发展的早期，人们的观念实质上是整体性而不是破碎性的。在东方（特别是在印度），整体性的观念仍然存在，哲学和宗教都强调整体性，认为把世界分解成部分是无益的。东方的观念不仅包含一个拒斥分割与破碎的自世界观，而且还包括各种调解技巧，它们把不用词句表达的精神活动的全部过程引向一种有序与平稳流动的平静状态，这种平静状态对于结束思想实际过程及其内容中的破碎性是必不可少的。那么，为什么我们不抛弃西方的破碎方法并采纳东方的观念呢？

为了回答这个问题，我们先来研究一下东西方在度（measure）的观念上的差异是有益的。在西方，从很早的年代起，度的观念就在确定总的自世界观以及隐含于这世界观中的生活方式的过程中起着关键作用。例如，在古希腊人（经由罗马人，我们从他们那里获得很大一部分基本观念）那里，把事物保持在正确的度上被认为是生活美好的必不可少的因素之一（如希腊悲剧一般把人的苦难归因为其行为超越了事物的恰当的度而产生的）。关于这一点，度不是按其现代意义基本上被看成是一个客体跟一个外在标准或单位的某种比较；毋宁说，比较过程被认为是一种更深层的“内在度”的外部展示或表现，它在一切事物中起着一种实质的作用。当事物超出恰当的度时，这不仅意味着该事物与某种恰当的外部标准不一致，而且更意味着它内在地失去了和谐，所以注定会
26 失去其完整性而分裂成为碎片。通过考察某些词的早期含义，人

们对这种思维方式可以获得某种洞察。例如，拉丁语“mederi”的意思是“治疗”[现代的“医术”(medicine)一词的词根]，它是以“度量”(to measure)的一个词根意义为根据的。这说明了如下观念：即身体健康应被看作是由于身体的一切部分和过程处于一种具有恰当的内在度状态之中。同样，作为古代描述美德的一个基本概念，“适度”(moderation)一词也是以同一词根为基础的，这说明美德被认为是一种作为人们的社会行为举止基础的正确内在度的结果。再有，“冥想”(meditation)一词也是基于同样的词根，它的意思是对思想的全部过程进行权衡、估量或度量，这种权衡、估量或度量能够把心灵的内在活动带进一种具有和谐度的状态。所以，从生理、社会、心理上讲，意识到事物的内在度被认为是健康、幸福、和谐生活的关键。

很明显，度是通过比例(proportion)或比率(ratio)来详细地表达的；“比率”是一拉丁语单词，我们现代用的“理由”(reason)一词从中得来。古代人认为，理由是对比率或比例总体的洞察，是内在地与事物真实本性相关的(而不只是外在地与某一标准或单位相比较的形式)。当然，这种比率不一定仅仅作为数量之比(尽管包括数量之比)；而且，它一般是质方面的普遍比例关系。例如，当牛顿洞察到万有引力时，他所看到的东西可以这样来表达：“与苹果下落一样，月亮也下落，实际上任何物体都下落。”为了把这种比率形式更清晰地展示出来，可以写成：

$$A : B :: C :: D :: E : F$$

其中 A 和 B 表示苹果下落的相继位置，C 和 D 表示月亮下落的 27
相继位置，而 E 和 F 表示任何其他物体下落的相继位置。

既然事物的各个方面在我们的理念中是相关的，那么，这些方面在理念所涉及的事物中也是相关的。就这种隐含意义而言，每当我们发现了某事物的理论根据，我们就是在例证这种比率观念。于是，事物的实质理由或比率就是其结构中的内在比例，就是该事物在形成、维持、最终又消失的过程中的内在比例。照此看来，理解这样的比率也就是理解该事物的“最内在的东西”。

因此这意味着，度是洞察万物实质的一种形式，人们的感知若遵循由这种洞察指示的道路则将是清晰的，并将普遍地导致有序的行为与和谐的生活。在这点上，回忆一下古希腊音乐和观赏艺术中的度的观念是有好处的。这些观念强调，对度的把握是理解音乐和声的关键（如，作为节奏的度，是声音强弱的恰当比例，是音调高低的正确比例，等等）。同样，在观赏艺术中，正确的度被认为是整个和谐与美的实质因素（如，考虑“黄金分割”）。所有这些都表明，度的观念远远不只是与外部标准进行比较的观念，它指的是一种普遍的、通过感官和心灵来感知的内在比率或比例。

当然，随着岁月流逝，度的观念开始逐渐变化，失去其精妙，而成为相对粗俗和机械的东西。也许这是由于人们关于度的观念，即它在相对于外部单位的测量中的外部展现以及对于它作为相关于身体健康、社会有序和心理和谐的普遍比率的内在意义，变得越
28 来越习以为常了。人们遵从他们师长的教导，开始机械地学习上述关于度的观念，而不是通过内在感觉和理解他们正学得的比率或比例的更深含义来创造性地学习。因此，度逐渐被作为一种从外部强加于人的规则来教导，人们又转过来在他涉足的每一个境况中在生理、社会和心理上强加上相应的度。结果，关于度的各种

流行观念不再被看作是洞察形式;它们反倒显得是“关于实在本身的绝对真理”。人们好像总是知道这些真理似的,而其起源则常被神话地解释为神的种种有约束力的训令,怀疑这些真理被认为是危险的和邪恶的。这样,关于度的思想就主要倾向于归并入无意识的习惯范畴,结果,在感知中由这种思想所归纳出的各种形式,现在就被看作是直接被观测到的客观实在,这些客观实在被认为实质上是独立于它们被思考的方式的。

甚至在古希腊时代,上述过程就由来已久了,而当人们意识到这一点时,他们就开始怀疑这种度的观念。因此,普罗塔哥拉(Protagoras)说:“人是万物的度”,这就强调度不是外在于人(独立于他而存在)的实在。但是,许多习惯于外在地看待万物的人也用这种方式来看待普罗塔哥拉所说的东西。因此,他们得出结论说,度是随意的东西,它从属于每个人的随意选择或爱好。在这里,他们自然忽略了如下事实:度是一种洞察形式,这种形式必然符合人们生活于其中的全部实在,这一点是靠它所引起的清晰感知与和谐行为来证明的。只有当人们认真而诚实地工作,把真理和事实而不把他自己的狂想或渴望放在首位时,这种洞察才能恰当地出现。

直到现代,“度”这个词逐渐被用来主要表示某物与外部标准相比较的过程,关于度的观念的普遍僵化与客观化才不再继续发 29
展了。虽然其原始含义仍然在某些境况(如艺术和数学)中保留下来,但是一般认为这种原始含义只具有次要的意义。

然而在东方,度的观念没有起到近乎如此基本的作用。相反,在东方的主流哲学中,无度之物(即不能用任何理性形式命名、描述或理解的东西)被认为是原始的实在。例如,梵语(它与印欧语群有共同的起源)中有一个意思为“度”的词“matra”,在读音上,“matra”显然与希腊语的“metron”接近。但是,从同一词根产生的还有另一个词“maya”,它的意思是“幻象”。这一点是极为重要的。在西方社会,如它从希腊人传来的,度连同这个词所隐含的一切,是实在的真正实质,或至少是这实质的关键;与此相反,东方人通常认为度在某种程度上是虚假的、骗人的东西。在东方人看来,把它们自己呈现给通常的感知与理由的形式、比例以及“比率”,统统都是邪恶的东西,它们掩盖了真正的实在,后者是不能用感官来感知的,它没有什么东西是可言说或思想的。

很显然,东西方社会发展的不同道路是与它们对于度的不同态度相一致的。例如在西方,社会主要强调科学和技术(依赖于度)的发展,而在东方,则主要强调宗教和哲学(它们最终导致无度之物)。

如果人们仔细考虑这个问题,就会发现:在某种意义上,东方人把无度之物看成原始的实在是正确的。因为如已指出的,度是
30 人所创造的洞察,在人之外和先于人而存在的实在不可能依赖这种洞察。事实上,如已看到的那样,那种假设度先于人和独立于人而存在的企图,导致了把人的洞察“客观化”,从而变成了僵化与不能改变的东西,最终以本章所描述的方式造成了破碎性与普遍混乱。

人们可以推测,或许在古代那些聪明到能明白无度之物是原始实在的人们,也会聪明到能看出度是用来洞察实在的、次要的和附属的、然而却是必不可少的方面的。例如,他们可能曾同意希腊人说的,对度的洞察可能有助于产生生活中的序与和谐;但同时他们或许深深地明白,在这方面度不可能是最基本的东西。

他们可能还进一步说，如果把度与实在的真正实质等同起来，这就是幻象。但那样一来，当人们遵从传统学说来学习这种度时，其含义就大大地变得习惯与机械了。通过前面指出的那种方式，度一词的微妙意义失去了，人们开始说："度就是幻象"。这样，无论在东方还是在西方，由于遵从现存的学说而机械地学习，而不是通过对隐含在这种学说中的洞察进行创造性的把握来学习，真实的洞察就很可能变成了虚假的和骗人的东西。

我们对于东西方分裂以前可能出现过的整体状态的情况知之甚少，仅此一因，要回到那种状态中去当然是不可能的。宁可说，所需要的是：我们自己来重新学习、考察并发现整体性的意义。当然，我们必须通晓已往东西方的学说，但是模仿或试图遵从这些学说是没有多大价值的。因为如本章已经指出的，发展一种对破碎性和整体性的新洞察，需要进行创造性的劳动，这种劳动比在科学领域中做出根本性的新发现，或创造出伟大而有独创性的艺术作品还要困难。关于这一点可以说，与创造中的爱因斯坦类似的人并不是模仿爱因斯坦思想的人，甚至也不是用新的方法运用爱因斯坦思想的人，相反，他是学习爱因斯坦并进而做出具有独创性成就的人，这种独创性成就可能吸收了爱因斯坦创造中的有效成分，但是又超越了爱因斯坦的工作，在新的方面有质的不同。所以，我们必须吸收全部古代东西方的伟大智慧，进而创造出相关于我们现代生活条件的、有独创性的新感知。

在这过程中，认识诸如在各种沉思形式中使用的种种技巧的作用是很重要的。在某种程度上讲，沉思技巧可被看成是度（是被知识和理性所序化的行为），人们试图用这些度来获得无度之物，

即达到他不再感受到自己与整个实在分离的心理状态。但是很显然,在这种观念中存在一种矛盾;因为无度之物,如果有的话,它恰是不能被限定在由人的知识和理性确定的界限内的。

诚然,在某些能详细说明的境况中,正常的心灵中理解了的各种技巧性的度能引导我们去做某些可从中获得洞察的事情(如果我们观察力敏锐的话)。然而,这种可能性是有限的,例如,想象用言词去表述那些在科学上做出基本新发现或艺术中有独创性作品的技巧,那会是一种矛盾,因为这种创造行动的真正实质是一种不依赖于他人(作为向导而被需要的人们)的自由。保持跟他人知识的一致性是能量的主要源泉,在保持这一致性的活动中,这种自由
32 (不依赖他人的指导)怎么能够传播呢?如果技巧不能在艺术和科学中教育出独创性和创造力,那它们又怎么能使我们去“发现无度之物”呢?

实际上,人们不能做任何直接与正面的事情以触及无度之物,因为这必定大大地超越了人们用其心灵所能把握、或用其手或工具所能完成的任何事情。人们所能做的事情就是付出其全部注意力与创造性能量,把清晰与序带进度的全域之中。当然,这不仅涉及用外部单位表达的度的外部展现,而且涉及诸如身体的健康、行为的适度和沉思(它洞察出思想的度)的内在度。沉思特别重要,因为如已看到的,把人自身和世界分割成破碎的幻象,出自于超越了其适当的度并把自身的产物与独立的实在混淆起来的思想。为了结束这种幻象,不仅需要洞察整个世界,而且需要洞察思想工具是怎样运作的。这种洞察包含着一种独创性和创造性的感知行动,它是通过感官与心灵两者而贯穿于精神生活和物质生活的一

切方面，这也许就是沉思的真实含义。

如已看到的那样，破碎化实质上产生于各种洞察的僵化，是这些洞察形成了我们的总自世界观，并进而形成了我们关于这些事物的普遍机械的、常规的和习惯的思想模式。因为原初的实在超越了度的这种僵化形式所能包容的任何东西，所以这些洞察最终必定不再是适当的，从而成为各种混乱或混淆的缘由。然而，如果整个度的领域对独创性和创造性洞察是开放的，没有任何僵化的壁垒限制，那么，我们总的世界观就不再是僵化的，度的全域将进入和谐状态，而在此和谐状态中破碎性将结束。但是，在度的全域内，有独创性和创造性的洞察就是无度之物的行动。因为当这种洞察发生时，其来源不可能寓于那些已经包含在度的范围内的观念之中，相反，它必定是无度的，无度之物包含了在度的领域中所发生的一切的实质形成因。于是，有度之物与无度之物便处于和谐之中，并且，人们事实上看到：它们只不过是考虑一个不可分割的整体的不同方式。

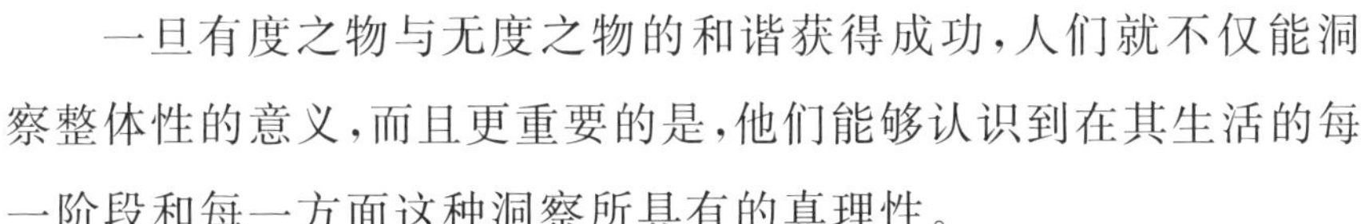

一旦有度之物与无度之物的和谐获得成功，人们就不仅能洞察整体性的意义，而且更重要的是，他们能够认识到在其生活的每一阶段和每一方面这种洞察所具有的真理性。

如克里希纳穆尔蒂[①]已清晰而有力地指出的那样，这要求人们用其全部创造性能量去探究度的全域。这样做也许是极其困难、极其艰苦的，但是既然每一事物都取决于这一点，那就肯定值得我们每一个人予以认真的关注和最大限度的考虑。

---

① 例如，参阅 J. Krishnamurti，*Freedom from the Known*，Gollancz，London，1969。

34

第二章　流模式

——关于语言与思想的实验

2.1　引言

上一章已经指出，我们的思想是破碎的，这主要是由于我们把思想看作是“世界本身”的映像或模型而造成的。思想的分解因此获得了不相称的重要性，似乎它们是“事物本身”中独立存在着的实际破碎的一种普遍结构，而不只是在描述和分析中所表现的一些方便特征。事实表明，这种思想引起了易于渗透到生活各个方面的彻底混乱，最终导致不可能解决的个人问题与社会问题。通过对于思想内容和产生这种内容的实际思维过程的一体性的密切注意，我们看到了结束这种混乱的紧迫性。

本章的要点是探究语言结构在助长这类思想破碎性中所起的
35 作用。虽然语言只是这种倾向的重要因素之一，但语言显然在思想、交往以及一般的人类社会组织中具有关键性的重要性。

当然，我们可以只把语言看成是在各个不同社会团体和不同历史时期中表现出来和曾表现出来的东西。但在本章中，我们想对共同的语言结构进行改革性的实验。我们实验的目的不是用一种规定完备的语言来代替现存的语言；相反，我们将看到，当我们改变语言结构时语言功能将发生什么样的变化，从而就有可能洞察到语言是怎样促成一般破碎化的。的确，了解一个人受习惯制约（例如在很大程度上受语言的共同用法的制约）的最好方法之一是，仔细而持久地注意当他“进行以下试验”时的全部反应：他在做某种明显不同于机械性和习惯性职责的事情时，会发生什么。因此，本章的要点是要采取一种步骤来进行一种可能是无终止的语言实验（和思想实验）。这就是说，我们在提示人们：这种实验应看成是个人的与社会的正常活动（正如在过去的几个世纪中，人们事实上就是这样看待关于自然和人本身的实验的）。这样，语言（连同包含于其中的思想）就被看成是并列于所有其余领域的一种特殊的功能领域，从而在效果上语言不再是一个免于实验探究的领域。

2.2　对我们语言的探究 36

在科学探究中，关键的一步是提出正确的问题。诚然，每个问题都包含了许多前提，其中大部分前提是隐含着的。如果这些前提是错误的或混乱的，那么提出的问题本身也是错误的；因为试图回答这个问题是没有意义的。因此，人们必须探究所提问题的恰当性。事实上，科学和其他领域中真正有独创性的发现一般都包含了对旧问题的探究，这种探究导致觉察到旧问题的不恰当性，并以此容许提出新问题。要这样做通常是很困难的，因为这些前提在我们的思想结构中容易被深深地隐藏起来。（例如，爱因斯坦看到，当时物理学界普遍接受的、与空间和时间及物质的粒子本性有关的那些问题，包含了混乱的、必须抛弃的前提，因此他能提出在这个主题上导致根本不同的观念的新问题。）

那么，当我们从事语言（和思想）的探究时存在的问题是什么呢？我们先讲一般的破碎化这个事实。我们以初步方式询问，通常使用的、有助于维持和传播这种破碎化，以及或许反映这种破碎化的语言是否有特征呢？粗略的考察表明，这种语言的最重要的特征是句子的主-谓-宾结构。现代语言的语法和句法都是这种结构。这种结构意味着，所有行为都发生在一个独立的实体即主体身上，在由及物动词描述的情形中，这些行为跨越了主体与另一独立的实体即客体之间的距离。［如果动词是不及物的，如在“he moves”（他移动）的句子中那样，主语仍然被看成是独立的实体，其行为仍被看作是主语的特性或者是主语的反身行为，例如，“他移动”的含义可以认为是“he moves himself”（他移动自己）。］

37 这是一种无所不在的结构，它在整个生活中导致的功能是使思想倾向于把事物分割成独立的实体，这些实体被认为是本性上固定不变的。当这种观念被贯彻到底时，人们就会获得这样一种流行的科学世界观：认为任何事物最终都是由一组有固定本性的基本粒子组成的。

语言的主-谓-宾结构及其世界观倾向于把自身强行塞入我们的言谈中，甚至塞入那些只要稍加注意就会发现这种语言结构明显不恰当的情形中。例如，我们来考察“It is raining”（天在下雨）这个句子。按照这句话，“It”是正在下雨的下雨者（rainer），它在何处呢？显然，更准确的说法是：“Rain is going on”（雨正在下）。类似地，我们通常说，“一个基本粒子作用于另一个基本粒子”；但是如上一章指出的,每个粒子都只是宇宙全部领域中的相对不变运动形式的抽象。所以,更恰当的说法是,“基本粒子是一些正在进行的、因最终相互合并、相互渗透而相互依赖的运动。”而且,这种描述也适用于宏观层次。比如,取代“一个观察者看着一个物体”的说法,我们可以更恰当地说:“观察正在一个不可分割的、涉及习惯上称为‘该人’和‘该人所看的物’的两个抽象物的运动中进行着。”

对句子结构的各种整体涵义进行的这些考察提示了另一个问题:不能改变语言的句法和语法形式以使动词而不是名词起基本作用吗?这种改变会有助于结束上述那种破碎化,因为动词描述行为和运动,这些行为或运动是相互流入、相互合并的,而不是明显分离或破缺的。而且,既然运动本身一般总是在变化之中,那么,运动在其自身中就没有能确定分离存在的事物的永恒固定形 38
式。这样来探讨语言显然符合于上一章讨论的总世界观。在这种世界观中,运动事实上被视为基本观念,而表面上静止、独立存在的事物则被视为连续运动的一些相对不变的状态(例如,回想一下旋涡的例子)。

在某些古代语言(如希伯来语)中,动词事实上被看成是基本的(就上述意义而言)。譬如,希伯来语中几乎所有单词的词根都是某种动词形式,而副词、形容词和名词则是用前缀、后缀和其他形式将动词形式加以修饰而获得的。然而,在现代希伯来语中,其实际用法与英语的实际用法相似:在意义上名词被给予了主要作用,尽管在形式语法中所有的词都是由动词词根构成的。

当然在这里,我们不得不试图研究在其中动词起主要作用的那种语言结构，认真对待要动词起主要作用的要求。这就是说，按照形式上的主要作用来使用动词，而思维起来却把一组分离的、可识别的对象视为基本的东西，那是毫无意义的。这种说一套、做一套的做法是一种混乱的形式，它显然会加剧而不是有助于结束破碎化。

然而，要即刻发明一种包含根本不同思想结构的全新语言，那显然是不切实际的。我们能够做的事是暂时实验性地引入一种使用语言的新模式。例如关于动词，我们已经有不同的语气，诸如陈述语气、虚拟语气、祈使语气，我们要这样发展使用语言的技巧，以便每种语气在需要时都起作用，而无需经过有意识地选择。类似地，我们现在来考虑这样一种模式，其中，运动是我们思维过程中的基本东西，而且通过允许动词而不是名词发挥主要作用的方式
39 把运动概念合并到语言结构之中。当你发展了这种模式并运用它一阵，你就可以获得使用这种模式的必要技巧，致使它在需要时终将起作用，而无需有意识地选择。

为了方便起见，我们给这种模式取了个名，即“流模式”(rheo-mode，“rheo”来自于希腊语的一个动词，意思是“流动”)。首先，这种流模式至少是一种使用语言的实验，主要是想弄明白：创造一种新的、不像现在的语言结构那样容易导致破碎性的语言结构是否可能。其次，很明显，我们的研究不得不一开始就强调语言在我们的总世界观的形成及其表述中，更准确地说在一般的哲学观念的形成中所起的作用。因为如上一章所指出的，关于世界的观点及其一般表述(它们包含了关于各种事物的心照不宣的结论，这些事物包括自然、社会、我们自己以及我们的语言)在助长产生和维

护生活各个方面的破碎化的过程中起着关键性作用。所以，我们开始时主要是实验性地使用这种流模式。如已指出的那样，这样做意味着：要仔细关注思想和语言实际上是怎么运作的，这超越了仅仅对于思想和语言内容的考虑。

至少在眼下的探究中，流模式主要涉及的是与我们的总世界观的既深又广的蕴涵有关的问题，这些问题容易在哲学、心理学、艺术、科学和数学的研究中，特别是在思想和语言自身的研究中被大量地提出来。当然，这类问题也可以按照我们现在的语言结构来讨论。尽管现在的语言结构确实受到主-谓-宾分割形式的支配，但它仍包含了丰富而复杂的其他各种形式，这些形式大都是不言而喻地和隐而不露地被使用的（特别是在诗歌中，但更一般地是在所有的艺术表达方式之中）。然而，占统治地位的主-谓-宾形式 40
容易不断地导致破碎；很显然，想通过熟练地运用语言的其他特征来避免破碎化的努力只能实现到一定的程度，因为由于习惯，在关于我们的总世界观的广泛的问题上，我们尤其容易不知不觉地陷入这种基本结构所包含的破碎化作用方式之中。这不只是因为语言的主-谓-宾形式不断地在事物之间进行不恰当的分割，而且还因为通常的语言的使用方式非常强烈地倾向于把自己的作用看成是理所当然的，从而使我们几乎完全专心于所讨论的内容，不大去或完全不注意语言本身实际的符号作用。然而，如前所述，正是在这里发生了基本的破碎化倾向。因为，由于思想和语言的日常模式并不恰当地唤起对于它自己功能的注意，而后者似乎产生了独立于思想和语言的实在，丁是包含在语言结构中的分割就俨如它们是破碎的那样地被投射，对应于“事物本身”中的实际破缺。

可是，这种破碎感知可能给人以虚幻的印象，即以为思想和语言的功能确实已被适当地注意了。这样，就可能导致以为上述严重困难实际上不存在的虚假结论。例如，人们假定，正如自然界的功能是由物理学来研究、社会的功能由社会学来研究、心灵的功能由心理学来研究一样，语言的功能是在语言学中被关注的。但是，只有当这些领域实际上是明显分离的，而且其本性或者是不变的或者是变化缓慢的，以致在每个专业领域中取得的结果切贴于它们可在其中被运用的所有情况与所有场合时，这样的观念才是恰
41 当的。然而，我们一直强调的是：在如此范围广、层次深的问题上，这种分离是不恰当的；并且，在任何情形中，在对语言本身功能的探究中，以及在人们可能从事的任何其他探究形式中，关键的一点是时刻注意正被使用着的语言（和思想）。所以，如有些人做的那样，把语言孤立出来作为一个专门的探究领域，并把它看成是相对静止的、变化缓慢的（或根本不变的）东西，都是不恰当的。

于是很清楚，在发展这种流模式的过程中，我们必须特别意识到，语言需要适当地注意它自身在每一时刻所发生的功能。这样，我们就不只是能对与我们总的世界观有关的广泛问题思考得首尾一贯，而且可以更好地理解日常的语言模式是怎样运作的，甚至可以更加首尾一贯地使用这一日常的语言模式。

2.3 语言流模式的形式

现在我们来详细探究什么是能表达语言流模式的适当形式。

作为探究的第一步，我们可以询问：通常使用的语言的丰富而

复杂的非正式结构(即使或许只是萌芽的形式),是不是没有包含上面指出的、某种能够满足唤起对于思想和语言真正功能注意的需求特征。如果人们考察这个问题,就能发现这些特征是存在的。事实上,在现代,最显著的例子是“相关的”(relevant)一词的运用(以及过度的运用)[这或许能被理解为对于企求注意(attention-calling)功能的一种“摸索”,人们几乎未意识到这种功能的重要]。

“相关的”一词来源于动词“to relevate”,后者已淘汰不用了, 42
它的含义是“提升”(to lift)[如“提高”(to elevate)一词所指的那样]。实质上,“to relevate”的意思是“提醒注意”(to lift into attention),致使被提醒的内容就“形象鲜明”地突出了。当被提醒注意的内容与所感兴趣的境况(context)是一致或相符的时候,即当它对与它有某种关系的境况有某种承诺时,那么,人们就说这种内容是相关的;自然,当它不相符时,就说它是不相关的。

我们可以举卡罗尔(Lewis Carroll)的作品为例,在这些作品中充满了由于运用了不相关的东西而产生的幽默。如在《艾丽丝镜中奇遇记》(*Through the Looking Glass*)中,疯狂的帽商和三月野兔之间的对话里有一句是:“这表不走了,尽管我用了最好的黄油。”这句话提醒注意的是不相关的观念:黄油的级别与表的运转有关系。这种观念显然不符合表的实际结构的境况。

在作一个相关性的陈述时,人们把思想和语言看作在其所涉及境况的同一水平上是实在的东西。事实上,在作出该陈述的每个时刻,人们既留心这一境况,也注意思想和语言的全部功能,看看它们是否相互吻合。因此,弄明白一个陈述是否相关,主要是一种高度有序的感知活动,它是跟弄明白该陈述的真假中所涉的感知活动相类似的。在某种意义上说，相关性问题先于真的问题而出现，因为问一个陈述是真还是假的前提是，这个陈述是相关的（因此，企图确定一个不相关陈述的真假，这本身是一种混乱）；但在更深的意义上说，弄明白一个陈述是否相关显然是洞察该陈述全部意义的真理性的一个方面。

很清楚，理解相关或不相关的活动不能归结为一种技术和方
43 法，不能用某套规则来规定。相反，在需要创造性的洞察的意义上，以及在这种洞察必须进一步发展一种技巧（如在手艺人的工作中那样）的意义上，这种理解活动是一种艺术。

因此，认为相关与不相关之间的划分是属于陈述的性质的一种积累的知识形式（如说某些陈述“具有”相关性，而另一些陈述则不具有相关性），是不正确的。而应说，在每一种情形中，相关或不相关的陈述是在传达一种在陈述时发生的感知，是那时所指示的个别境况。当所涉境况变化时，原来是相关的陈述就可能变成不相关的，反之亦然。况且，人们甚至不能说，一个给定的陈述只能是相关的或不相关的；而且，对于任何陈述都不能这么说。例如，在许多情况中总的境况可能是这样的：人们不能清晰地感知这个陈述是否相关。这意味着：人们必须了解更多的东西；而问题则像事实上的那样处于流动的状态之中。所以，当相关性或非相关性被传达时，人们必须领悟到这不是对立范畴之间的确定不变的划分；而是说，所表达的是永恒变化着的感知，在此中，暂时是有可能看出提醒注意的内容是否与它所涉境况相符的。

在现阶段，符合或不符合的问题是通过名词被视为基本东西（例如，说“这个观念是相关的”）的语言结构来讨论的。这种语言

结构在形式方面事实上就包含着相关性与非相关性固定不变的分割。所以，这种语言形式是在不断地引入破碎化的倾向，甚至在那些其功能是提醒注意语言的整体性以及语言所涉境况的情形中也是如此。

当然，如上所述，我们通常能够克服这种趋于破碎化的倾向，其途径是更自由、更不拘形式、"诗歌式"地使用语言，这种使用方
法能适当地表达出相关性与非相关性之间的差别的真正的流动本 44
性。然而，在语言的流模式中（如前面指出的），由于动词而非名词被赋予了主要作用，形式上不会产生固定不变的分割。难道我们不能按照语言的流模式来讨论相关性问题，从而更一致、更有效地克服趋于破碎化的倾向吗？

为了回答这个问题，我们首先注意到，"relevant"（相关的）这个形容词来自于动词"relevate"，而"relevate"则最终来自于词根"to levate"（它的意思自然是"提升"）。作为发展语言流模式的步骤之一，我们可以提出，动词"to levate"是指："对于任何内容，提醒注意的是那种自发和不受约束的活动，这活动包括提醒注意这内容是否符合一个较广境况，也包括提醒注意由这动词本身创始的唤起注意功能。"这意味着：意义具有不受限制的广度和深度，它不固定在静止的界限内。

接下来，我们介绍动词"re-levate"，它的意思是，"对某个由思想和语言指示的特殊境况来说，再次提醒注意某种内容"。这里，必须强调，"re"表示"再次"，即在另一场合；显然它隐含了时间和相似（以及差别，因为各个场合不只相似也有差别）。

如前所述，在各种情况中都需要感知活动来看看这样"被再次

提升”的内容是否符合所观测的境况。在感知活动揭示出符合的那些情况中，我们就说：“to re-levate is re-levant”（再次提醒注意是再次提醒注意的。注意，连字符的使用在这里是必不可少的。如连字符所指明的，念这个词的发音时应该有停顿）。自然，在感知活动揭示出不符合的那些情况中，我们则说“to re-levate is irre-levant”（再次提醒注意是非再次提醒注意的）。

于是我们看到，形容词是从作为词根形式的动词中产生的。
45 名词可能也是这样构成的，它们将不是表征分离的对象，而是表征由动词指示的特殊形式活动的连续状态。例如，名词“re-levation”的意思就是“对某一特定内容提醒注意的连续状态”。

然而，当再次提醒注意是非再次提醒注意时却继续维持提醒注意的连续状态，这就叫作“对某一特定内容提醒注意的非连续状态”（irre-levation）。本质上，对某一特定内容提醒注意的非连续状态意指存在一种不适当的注意。当某种内容处于提醒注意的非连续状态，它应该或迟或早地被适当地抛弃。如果没有这样做，那么，在某种意义上，人们就是无警惕或无警觉的。因此，对某一特定内容提醒注意的非连续状态，意味着需要对存在不相关的注意这一事实给予关注。注意到这种注意的失败，自然正是结束提醒注意的非连续状态的活动本身。

最后，我们要介绍名词形式“levation”（提醒注意的活动总体），它表示提醒注意的一般化和不受限制的活动总体（注意：这不同于动词“levate”，后者表示单个的自发和不受限制的提醒注意活动）。

很清楚，上面根据动词词根建立语言形式结构的方法，使我们能够讨论“相关性”（relevance）通常所蕴含的东西。在某种程度上说，这种方法是免除了破碎化的，因为这种语言形式不再引导我们去考虑好像是一种独立和固定性质的所谓的相关的东西，甚至更重要的是，我们没有把动词“提醒注意”（to levate）所指的东西和我们应用这个动词时所发生的实际功能分割开来。这就是说，“提醒注意”不只是要关注那种使一种不受限制的内容引起注意的思想，而且也要从事那种使这不受限制的内容引起注意这一活动本身。因此，这思想不是一种没有具体地感知到它能涉及的东西的纯粹抽象。相反，某种符合这个词含义的东西实际上在进行着；至少在使用这个词的那一时刻，人们能感知到这个词的含义和进行着的东西是符合的。所以，思想的内容同它的实际功能被视为和被感知为一个东西；这样，人们就会从其根源上理解到终止破碎化 46
可能着意味什么。

显然，这种构成语言形式的方法能够一般化，从而任何动词都可被看作是词根形式。于是我们可以说，语言的流模式本质上是以这样使用动词的方法为特征的。

作为一个例子，让我们考虑拉丁语动词“videre”，它的意思是“看”（to see），在英语中它的使用形式有“video”（影像、电视的）等等。我们再引进这个词根的动词形式“to vidate”，它不仅指用视觉器官来“看”，我们将把它视为涉及感知过程的方方面面，甚至包括对一个总体领悟的理解活动，这包括感官知觉、理智、情感等等（例如，在通常的语言中，“理解”和“看出”可以交换使用）。所以，“to vidate”将唤起人们对任何一种自发和不受约束的感知活动（这包括对于被领会的东西是否符合“事实上的东西”的感知，甚至包括对“vidate”这个词本身唤起注意功能的感知）的注意。因此，像“to levate”那样，在“vidate”一词的内容（意义）和该词产生的全部功能之间没有什么区别。

接下来，我们考察“to re-vidate”这个动词，它的意思是再次感知到被言词或思想所指示的特定内容。如果这内容被认为符合它所指的境况，我们就说“对特定内容的再次感知是再次感知的”（to re-vidate is re-vidant）。如果这内容被认为不符合它所指的境况，我们自然就说“对特定内容的再次感知是非再次感知的”（to re-vidate is irre-vidant，在日常用法中，这句话的意思是，这是错误的或虚幻的感知）。

于是，“re-vidation”就是感知某一内容的连续状态，而“irre-vidation”是在涉及某一内容时沉溺于幻象或错觉的连续状态。显然（如“不相关的提醒注意”那样），“irre-vidation”意味着注意的失败，而注意到这种注意的失败也就结束了错误的感知。

47 最后，名词“vidation”（感知活动总体）意指一种不受限制和一般化的感知活动总体。很明显，*感知活动总体不是同提醒注意的活动总体明确区分开的*。在一次感知活动中，必定会注意到某一内容。所以，注意和感知这两种活动是相互合并、相互渗透的。这两个词只是强调（即再次提醒注意）一般运动的两个特定方面。显然，这对于语言流模式中的所有动词词根都适用。它们都是相互包含、相互传递的。因此，语言流模式将揭示出某种整体性，这种整体性不是语言的日常使用所具有的特征（尽管在下述意义上这种整体性是潜在地存在的：如果我们一开始就把运动作为基本的东西，那么，我们也就不得不说所有运动是相互包含、相互合并和相互渗透的）。

现在，我们进而来考虑动词“to divide”（分开）。我们将把它看作是动词“videre”和前缀“di”（意指分离的）的合并；所以，“分开”应理解为①意指“分离地看”。

我们再引入动词②“to di-vidate”，这个词提醒人们注意以任何形式分离地看待事物的自发活动，这包括弄清楚这感知是否符合“事实上的东西”的活动，甚至包括弄清楚这个词的唤起注意功能是怎样在其中获得内在的分裂形式的。对于这后一点，我们注意到，仅仅考察“di-vidate”就明白它是不同于它由之变来的“vi-date”的。所以，“di-vidate”包含的不只是分裂的内容（或含义），而且还意味着这个词的使用产生了一种功能：分裂观念被认为提供了一种符合的描述。

现在，我们考虑动词“to re-dividate”，它的意思是通过思想和语言按某特殊的分离或分裂方式再次看待某特定内容。如果这样
做被发现符合所指的境况，我们就说“再次分离地看待是再次分离 48
地看待的”（to re-dividate is re-dividant）；如果这样做被发现不符合所指的境况，我们则说：“再次分离地看待是非再次分离地看待的”（to re-dividate is irre-dividant）。

于是，“re-dividation”就是以分离或分裂的形式来看待某一内容的连续状态；而“irre-dividation”是这样一种连续状态，其中所

① 实际上，“分”（divide）一词的拉丁语词根“videre”的意思不是“看”（to see），而是“使分离”（to set apart）。这似乎是巧合。然而，利用巧合的优点，并把区分视为主要是一种感知行为而不是一种实际的分离活动，可以更好地服务于流模式。

② 每当用诸如 di-、co-、con-等前缀形式产生一个单词时，在流模式的动词词根中，就用一个连字符把这个前缀同主动词分隔开来，以便指明该动词是怎样按此方法构成的。

看待的分离在日常语言中我们会说是不相关的。

显然，不相关的分离看待(irre-dividation)实质上是跟破碎化相同的。所以，破碎化无论如何都不可能是好事，这一点就变得明明白白了。因为破碎化不仅意味着分裂地看待事物，而且在这种看待方法不适合的境况内它也坚持那样做。只有通过一次注意的失败，不相关的分离看待状态才得以无限期地持续下去。因此，就在注意到这种注意失败的活动中，不相关的分离看待状态便终止了。

最后，名词“dividation”自然是指不受限制和一般化地分离看待事物的活动整体。如上所说，就“di-vidation”应视为不同于“vidation”(看待事物的活动总体)而言，“di-vidation”(分离地看待事物的活动总体)意味着这个词的唤起注意功能包含着分裂。不过，这种区别只在某种有限的境况内才有效，不应把这种区别看成是两个词的含义与功能之间的一种破碎化或实际分割。相反，正是它们的形式表明，“分离地看”是一种“看待”，它的确是看待的一种特殊情形。归根结底，就这两个词的含义与功能相互过渡、相互合并和相互渗透的意义而言，整体性是主要的。因此，分割被看成是为了更明确、更详细地描述这个整体而采用的方便手段，而不应视为“实在东西”的一种破碎化。

从分割到感知一体性的运动是通过序化(ordering)活动来实现的(在第五章将对此予以详细讨论)。例如，一把直尺可以分成许多寸，但这组划分只是作为一种表达简单的序列序的方便手段
49 而引入我们的思维之中的，运用这手段我们就能传达和理解跟某一完整对象有关的东西，它是借助于这把直尺来测量的。

简单的序列序的观念(用标度线上规则地分割来表达)，对于引导我们从事建筑工作、在地球表面和空间中行进和运动，以及从事广大领域的一般实践活动和科学活动，都是有帮助的。当然，更复杂的序是可能存在的，但复杂的序必须用思想中更精巧的分割与范畴(它们对于运动的更精巧形式来说是重要的)来表达。例如，存在生命体的生长、发展和进化的运动，交响乐的运动，生命自身本质的运动，等等。显而易见，这些运动必须用不同的方法来描述，它们一般是不能用一些简单的序列序归结于一种描述的。

超越所有这些序的，是注意的运动序。这运动必须有一种跟被观测东西中的序相符的序，否则，我们就不能看到要看的东西。例如，在想听一首交响乐曲时，若我们的注意力主要集中在如时钟所示的时间序列序上，我们就不能听出构成这首交响乐曲的本质意义的那些微妙的序。显然，人们的感知和理解能力受到注意的序化能自由改变(以便符合待观测的序)的程度的限制。

于是显然，序的观念在理解思想和语言中各种分割(它们是为了我们的方便而确立的)的真实含义中起着关键作用。为了在流模式中讨论这一观念，让我们引入动词词根形式“to ordinate”。这个词提醒人们注意的是，一种使任何东西序化的自发与不受约束的活动，这包括在弄清楚任何特定的序是否适合某种被观测的
境况的过程中所涉的序化，甚至还包括唤起注意功能自身所产生 50
的序化。所以，“to ordinate”主要不是说“考虑一种序”，而是指从事序化注意的活动本身，同时，人们对于序的考虑也给予了注意。我们再次看到了一个词的含义及其全部功能的整体性，这是语言流模式的一个实质方面。

这样,“to re-ordinate”就是以语言与思想为手段对某一给定序再次提醒注意。如果发现这序与所论及的境况中观测到的相符,我们就说“对某序的再次提醒注意是再次提醒注意的”(to re-ordinate is re-ordinant);如果发现它不符,我们则说“对某序的再次提醒注意是非再次提醒注意的”(to re-ordinate is irre-ordinant,如在把直线网格运用于复杂的小曲径的情况中那样)。

于是,名词“re-ordination”描述的是一种对某序唤起注意的连续状态。在对某序非再次提醒注意的境况中而又坚持对该序唤起注意的连续状态,这就叫做“irre-ordination”(对某序的非唤醒注意连续状态)。如在所有其他动词情形中那样,只有通过注意的失败才可能发生对某序的非唤醒注意连续状态,而当注意到这种失败时,这状态便终止了。

最后,名词“ordination”自然就是指不受限制的与一般化的序化活动总体。显然,序化活动总体包含了提醒注意的活动总体(levation)、感知活动总体(di-vidation)和分离地看待事物的活动总体(di-vidation),而归根到底,后面几种活动总体都包含了序化的活动总体(ordination)。例如,为了弄明白某一内容是不是相关的(re-levant),注意必须适当地序化,以便去感知这一内容;一组适当的分割或范畴必须在思想中确立起来,等等。

对语言的流模式我们已经谈得够多了,至少指出了这模式一般是怎样运作的。但是在这里,把迄今使用过的单词列出来,以展示出语言流模式的总结构,这或许是有益的:

Levate, re-levate, re-levant, irre-levant, levation, re-levation, irre-levation。

Vidate, re-vidate, re-vidant, irre-vidant, vidation, re-vidation, irre-vidation。

Di-vidate, re-dividate, re-dividant, irre-dividant, di-vida- 51
tion, re-dividation, irre-dividation。

Ordinate, re-ordinate, re-ordinant, irre-ordinant, ordination, re-ordination, irre-ordination。

应该注意到,语言流模式首先包含了动词按新方式来运用的崭新语法结构。然而,包含在此语法结构中的更新颖的东西是,句法不只是扩展到单词的可视为已经给予了的安排,而且扩展到构造新词的一组系统规则。

当然,在大多数语言中新词的构造总是在进行着的(如,"relevant"是由词根"levate"和前缀"re"构成的,而词根的后缀"ate"则被"ant"所代替),但那种构造主要是偶然地发生的,也许,是由于需要表达各种有用的关系。不管怎样,一旦这些词被放在一块儿了,主流的倾向是看不到已发生的事情,而把每个单词看成是一个"基本的单位"。因此,这些单词的构造来源事实上被看作是与单词的含义没有关系的东西。然而,在流模式中,单词的构造不是偶然的,它在使一种崭新的语言模式成为可能中起着主要作用;同时,单词构造的活动连续不断地引起我们的注意,因为单词的含义以一种实质的方式取决于这些构造形式。

这里,跟科学发展中所发生的情况作一番比较,或许是有益的。如在第一章中所看到的,主流的科学世界观一般假设:本质

上，每一事物要用某些被视为基本的“粒子”单位的组合来描述。这种看法显然与通常语言模式中的主流倾向是一致的；在通常语
52 言模式中，单词被看作是“基本单位”，人们假定这些“基本单位”能够结合起来表达任何能谈及的事物。

当然，为了丰富日常语言模式中的谈话可以引进新词（正如物理学可以引入新的基本粒子一样）；但是在流模式中，人们已开始深入到把单词的构造看作跟短语、句子、段落等的构造无本质不同了。因此，对待单词的“原子式的”态度被抛弃了，相反，我们的观点更类似于物理学中场论的观点；在场论看来，“粒子”只是为了方便而从整体运动中抽象出来的东西。与此类似，我们可以说，语言是没有分割的运动场所，它包含语音、语义、唤起注意、情绪反应和肌肉反射，等等。现在把单词之间的间断看得过于重要是有点武断了。实际上，一个单词的各部分之间的联系一般跟不同单词之间的联系相差无几。因此，单词不再被看作是一个“意义不再可分的原子”，相反，它被看作无非是整个语言运动中的一个方便标示物，其基本性程度跟从句、主句、段落、段落系统等是一样的。（这意味着，对单词的组成成分给予如此的关注主要不是一种分析态度，而是一种允许单词的意义无限地流出的方法。）

把语言看作是序的一种特殊形式，我们就能洞察到对单词的态度变化的意义。这就是说，语言不只是提醒人们注意序。它是语音、单词、单词结构、措词和手势的细微差别等等的一种序。显然，通过语言交流的意思必须依赖于语言所具有的序。这种序与其说像一个时钟或一把直尺的简单序列序，不如说更像一首交响乐曲的序：在交响乐曲中，每个方面和每种运动都必须根据它与整

体的关系来理解。既然(如这里指出的)一个词内部的语音序是整 53
个意义的一个不可分割的方面,我们就能发展出系统地运用语音序的语法规则和句法规则,从而丰富和增强用语言来交流和思维的可能性。

2.4　流模式中的真理与事实

在日常的语言模式中,真理被看作是一个名词,因此它表示的是能够被一次把握或至少能逐步逼近的东西。不然的话,或真或假的可能性就被看作是陈述的一种性质了。然而,如前面指出的,真与假跟相关与不相关一样,实际上必须时刻从一种具有高度序的感知活动来理解。例如,通过观察一个陈述的内容是否符合这个陈述本身所指示的更广的境况,或者通过某种与这一陈述同时进行的活动或手势(如指一指),来理解这个陈述内容的真或假。此外,当我们谈到关于世界观的陈述时,由于这些陈述和“所有存在的总体”有关,这些陈述能够涉及的境况显然是不确定的。所以,人们必须强调功能真理(truth in function):即我们关于实在的一般观念作为一个整体是能自由运动与变化的,以便允许超越关于实在的较旧观念的种种限制以不断地适应新经验。(见第三章和第七章关于这个问题的进一步讨论。)

那么很清楚,通常的语言模式非常不适宜讨论真假问题,因为它倾向于把每一种真理看成是分离的碎片,这些碎片的本性根本上是固定与静止的。因此,进行语言流模式的实验以弄明白这种
模式如何允许我们更恰当、更贴切地讨论真理问题,将是有趣的。 54

我们先考虑拉丁语“verus”，其含义是“真的”。于是，我们引入词根动词形式“to verrate”。（这里引进双“r”是为了避免我们在讨论中会出现明显的混淆。）这个词以上一节所论述的方式唤起人们注意那种以任何形式领悟真理的自发与不受约束的活动，这包括弄清楚这种感知是否符合在领悟真理中所实际被感知的东西的活动，也包括弄清楚在这个词本身的唤起注意功能中所含的真理。所以，“to verrate”既是处于领悟真理的活动中，也是关注于真理的意指。

于是，“to re-verrate”就是以思想和语言为手段再次提醒注意某给定境况内的一特殊真理。如果发现这与该境况中应被观测到的东西相符，我们就说，“对某特殊真理的再次提醒注意是再次提醒注意的”（to re-verrate is re-verrant）；如果发现不相符，我们则说，“对某特殊真理的再次提醒注意是非再次提醒注意的”（to re-verrate is irre-verrant，即一特殊真理被重复与扩展到它的适用范围之外时，它便不再是有效的）。

于是我们看到，真理的问题不再以分离的、实质静止的破碎措词来讨论了。而是说，我们被唤醒的注意集中于一般领悟真理（verration）的活动，以及该活动在某特殊的境况中对真理的再次领悟（re-verration）与非再次领悟（irre-verration）的连续性上。（对真理的非再次领悟，即超越真理的正当界限而坚持执着于它，这显然一直是贯穿全部历史和生活各个时期之中的幻象和错觉的一个主要来源。）领悟真理的活动总体应视为一种流动的运动，它与提醒注意的活动总体、感知的活动总体、分离地看待事物的活动总体、序化的活动总体，以及实际上在语言流模式的不断发展中将指示的所有其他运动是互相合并、相互渗透的。

当我们按照日常语言模式讨论真理时，我们必然要考虑“事 55
实”(fact)的含义是什么。例如，在某种意义上，说“这是事实”就意味着所涉陈述的内容是真实的。然而，“fact”这个单词的词根含义是“已被造出来的事实”(that which has been made，如在“制造业”中那样)。这种含义与这里所说的确实是有关系的。因为显而易见，在某种意义上，我们确实在“制造”这种事实。因为它不仅依赖于正被观测的境况与我们的直接感知，还依赖于我们的思想怎样影响我们的感知，依赖于我们做什么以检验我们的结论和把这些结论运用于实践活动。

接下来，让我们使用流模式来做实验，看看当我们考虑“事实”的意指时，这会导致什么结果。我们引入词根动词“to factate”，它的意思是自发而无约束地注意到人在制造或制作任何一种事物的过程中被意识引导的活动[①](当然，这包括这个词本身的唤起注意功能的“制造”或“制作”)。于是，“refactate”就是通过思想和语言再次提醒注意在一特殊境况中这样一种“制造”或“制作”活动。如果发现这种活动与这个特殊境况中的东西相符[即如果我们所做的事情在“奏效”(work)]，那么，我们说“再次提醒注意某一特殊领域的事实制造活动是再次提醒注意的”(to re-factate is re-factant)；如果不符，我们就说“再次提醒注意某一特殊领域的事实制造活动是非再次提醒注意的”(to re-factate is irre-factant)。

显然，一个陈述的真或假通常所指的许多东西被包括在“再次

① 注意，从现在起为了简明起见，我们一般不再像迄今所做的那样对词根形式的含义给予详细描述。

提醒注意某一特殊领域的事实制造活动”(re-factant)和“非再次提醒注意某一特殊领域的事实制造活动”(irre-factant)这两个词的蕴涵之中。因此很明显，当真实的观念被用于实践时，它们一般会引导我们去做“奏效”的事情，而虚假的观念将导致“不奏效”(do not work)的活动。

当然，我们必须小心谨慎，不要把真理仅仅等同于“奏效的东西”(that which works)；因为如已看到的那样，真理是整体运动，它的含义远远不只是有意识地引导我们去进行有用的活动。所以，虽然就两者可等同而论，陈述“对某特殊真理的再次提醒注意是再次提醒注意的”(re-verration is re-factant)是正确的，但重要
56 的是，要切记这只是提醒人们注意真理的意指的某一个侧面。实际上，这个陈述没有覆盖事实所意指的一切。在确立该事实的过程中所涉及的东西，远远多于看到我们的知识是“对某特殊真理的再次提醒注意是再次提醒注意的”，后者一般引导我们成功地达到原来在思想中所设计的目标。除此之外，事实还须不断地、通过进一步的观察和经验来检验。这种检验的主要目的不是产生某种想望的结果，而是看看当该事实所涉境况被屡次观察(用实质上跟以前一样的方法，或者用某些与该境况可能有关的新方法观察)时，该事实能否“站得住脚”。在科学中，这种检验是通过实验来进行的；这些实验不仅必须是可重复的，而且必须符合其他实验所提供的在所涉领域中有重要意义的“交叉核实”。更一般地，只要我们警觉地留心观察经验实际指示的东西，那么，经验作为一个整体总是在提供一种类似的检验。

当我们说“这是事实”时，我们的意思是该事实有可能“经得

起”多方面的不同检验。这样，该事实就被确立了，即是说，就它在已经实施的相继的一般观察中任何时刻都不易崩溃、不易被推翻而言，事实被证明是稳定的。当然，这种稳定性只是相对的，因为事实总是在一次又一次地接受检验，包括用熟悉的方法和用不断探索出的新方法进行的检验。所以，通过进一步的观察、实验和经验，这种稳定性可以被纯化、改进乃至根本改造。但是，为了成为一个“真正的事实”，它显然必须以这种方式始终保持有效，至少在某些境况或某一时期内如此。

为了奠定用流模式对事实检验进行讨论的基础，我们首先注
意到，“constant”（不变的）一词来自于现已废弃的动词“to con- 57
state”，它的意思是“确立”（to establish）、“确定”（to ascertain）或“确证”（to confirm）。这含义在考虑了拉丁语词根“constare”（“stare”指“坚持”，“con”指“共同”）之后甚至更为明显。例如，我们可以说，在检验活动中我们“证实”（constate）事实；所以，事实像一个黏合的物体一样是被确立起来、并能“共同稳固地维持着的”；在某种相对的意义上，它能“经得起”检验。因此，在某些限度以内，事实维持不变（con-stant）。

实际上，在现代法语中使用着一个与“constate”最接近的词“constater”（验证），它的含义跟上面指出的极相近。就某方面来说，“constater”比“constate”更好地覆盖了这里所指的东西，因为“constater”来自拉丁语“constat”（共同维持），“constat”是“con-stare”的过去分词，因此它的词根意义是“已经共同维持”，这与“事实”或“已被制造出来的东西”完全相符。

为了在流模式中考虑这些问题，我们引入词根动词“to constatate”，它的意思是：自发而无约束地注意任何一种活动或运动是怎样以一种共同维持相对稳定的、相对不变的形式而确立的，这包括确立一项以这方式共同维续的事实的活动，甚至包括这个词本身帮助确立关于语言自身功能的事实的活动。

于是，“to re-constatate”就是借助语言和思想去再次提醒注意在一给定境况中的特殊的共同维持活动或运动。如果发现共同维持活动符合于所涉境况，我们就说“再次提醒注意一种特殊的共同维持活动是再次提醒注意的”（to re-constatate is re-constatant）；如果不符，我们则说“再次提醒注意一种特殊的共同维持活动是非再次提醒注意的”（to re-constatate is irre-constatant，比如，对于进一步的观察和经验，先前已经确立的事实被发现实际上不能“站住脚”）。

于是，名词形式“re-constatation”表征着一种特殊的在某一境况中以相对不变方式“共同维持”活动或运动的连续状态，不论这是我们自己在确立某一事实中的活动，还是任何一种其他的能被
58 描述为形式确立或形式稳定的运动。因此，它首先可涉及在一系列观察和实验活动中可能一次又一次地证实“这事实依旧存在”；它也可涉及某种在我们的观察和实验活动境况之内和之外的总体实在中将“依旧存在”的运动（或事务）连续状态。最后，它可涉及制造一个陈述的词语活动，人们可藉此传达再次提醒注意一种特殊的共同维持活动，并被他人再次提醒注意这一特殊的共同维持活动。这就是说，按照语言的通常用法，“re-constatation”是指“一个被确立的事实”，或“事实所涉及的运动或事务的实际状态”，或“对该事实的语词性陈述”。所以，我们不对感知与实验活动、感知

事物与实验事物的活动、以及用言词传达我们观测到与做过的事情的活动三者之间进行明确的区分。所有这些活动被认为是一个未破缺、未分割的整体运动的诸侧面或诸方面，它们在功能和内容上都是密切相关的（因此，我们不会把“内在的”精神活动和精神活动的“外部”功能分割开来）。

显然，这种流模式的运用完全符合这样的世界观：在其中，表面静止的事物同样被认为是从未破缺、未分割的整体运动中抽象出来的相对不变的方面。然而，这种流模式的运用还进一步意味着：关于这些事物的事实本身就是抽象出来的，正如整体运动在感知中显现出来的、在行动中被经验到的相对不变方面是抽象出来的一样。这种事实在连续状态中“共同维持”，因此它适于以陈述的形式来传达。

2.5　流模式及其对于我们总世界观的蕴涵

鉴于（如前一节所指出的）流模式不允许我们按照实质上具有静止本性的那些分离存在物来讨论被观测到的事实，这使我们注意到使用流模式对我们的总世界观所具有的蕴涵。事实上，如已在某种程度上说明的那样，任何语言形式都具有一种占支配地位的或主要的世界观，它一旦被运用就倾向于在我们的思维和感知中发生作用，所以要清楚地表达一种跟隐含在某种语言的基本结构之中的相反的世界观通常是很困难的。因此，在对任何的一般语言形式的研究中，必须在内容与功能上严肃而持久地注意该语言形式的世界观。

如早已指出的，使用语言的日常模式的主要缺陷之一正是它的下述普遍蕴涵：它对世界观根本不加以限制；在任何情况下世界观问题只与“一个人自己特有的哲学”有关，而不与我们语言的内容与功能有关，不与我们藉以体验我们生活于其中的整体实在的方式有关。这使得我们相信我们的世界观只是一个相对不重要的东西，或许它主要涉及的是一个人的个人爱好或选择。这样，日常的语言模式使我们注意不到这模式中无所不在的分裂世界观的实际功能，以致我们思想和语言的自动与习惯性的操作得以投射出这些分割(以早先论述的方式)：好像它们是“事物”本性中的实际破碎。因此，带实质性的问题是：意识到隐含于每一种语言形式中的世界观，并保持留意与警觉，准备着弄清楚何时这些
60 分割由于被扩展到某些限度之外而使这种世界观不再符合实际的观测和经验。

在本章中我们清楚地看到，隐含在流模式中的世界观实质上就是第一章描述的世界观。它可表述为：一切是一个未破缺、未分割的整体运动，每一“事物”都只是从这整体运动中抽象出来的相对不变的方面或侧面。因此很明显，流模式隐含的世界观不同于通常语言结构中所隐含的世界观。更准确地说，我们看到，仅只严肃考虑这种新的语言模式并观察它是怎样运作的，就能帮助我们注意到我们日常的语言结构藉以向我们施加强大而难以捉摸的压力而迫使我们坚持破碎的世界观的方式。然而，在现阶段尚不能断定继续向前探索、并试图把这种流模式引入现行的用法之中是否有用，尽管或许流模式的某些进一步的发展可能最终会使我们发现这是有益的。

第三章　视为过程的实在与知识 61

3.1　引言

把实在理解为过程是一个古老的观念，这一观念至少可追溯到赫拉克利特(Heraclitus)，他说万物皆在流变之中。在现代，怀特海(Whitehead)[①]第一个系统地发展了这一观念。在本章中，我将根据这一观念来讨论实在与知识之间的关系问题。虽然我的出发点明显与怀特海的大体类似，但仍有可能与怀特海著作中的有很大的差别的蕴涵。

我认为这种过程观念的本质应表述如下：不仅万物皆变(everything changing)，而且一切皆流(all is flux)。这就是说，变化过程本身就是一切，而一切物体、事件、实体、条件、结构等都是能够从这一过程中抽象出来的形式。

过程的最好映像或许是流动溪流的形象，但溪流的实体绝不 62
是相同的。从溪流中人们可以看到永远变化着的旋涡、涟漪、波浪、水花飞溅等形式，这些形式本身显然不是独立存在的。而是说，它们是从溪流运动中抽象出来的，它们在整个流动过程中产生

① A. N. Whitehead, *Process and Reality*, Macmillan, New York, 1933.

着、消失着。如这些抽象形式所拥有的，这种短暂的存在只隐含着行为的相对独立性或相对自主性，而不是作为最终实体的绝对独立存在。（见第一章对这一观点的详细论述。）

当然，现代物理学宣称：实际的溪流（如水的溪流）是由原子组成的，原子又由诸如电子、质子、中子等“基本粒子”所组成的。长期以来，人们认为，电子、质子、中子等是全部实在的“终极实体”，所有流动的运动，比如溪流的运动，必须归结为是从相互作用着的粒子聚合体在空间的运动中抽象出来的。然而，现在已经发现，即使是这些“基本粒子”也能被创造、湮灭和变换。这就表明：甚至这些“基本粒子”也不可能是终极实体，它们也是从某一更深的运动层次抽象出来的相对不变形式。

人们可能假设，这种更深层次的运动也许可分解为更精细的粒子，这些粒子也许就是全部实在的终极实体。然而，我们在这里探究的一切皆流的观念否决了这种假设。相反，这观念隐含着：任何可描述的事件、对象、实体等都是从未知和不可定义的流运动总体中抽象出来的。这就意味着，不管我们关于物理学定律的知识走得多远，这些定律的内容所涉及的仍将是这样一些只具有相对的存在独立性和行为独立性的抽象。所以，人们不会被引导去假
63 设，物体、事件集合的一切性质必定可用一组可知的终极实体加以说明。在任何阶段，这些集合的更进一步的性质都可能产生，其终极根据应被看成是全体流的未知总体。

在讨论了过程观念隐含着涉及实在本性的东西之后，现在我们来考虑这一观念应怎样与知识的本性相联系。很显然，为了一致性，人们必须说知识也是一个过程，也是从总体流中抽象出来

的。因此，总体流既是实在的基础又是关于实在的知识的基础。当然，人们可以很容易地用词语描述这种观念，但在实际情况中，很难不陷入那种把我们的知识看作是一组基本僵化的真理从而不具有过程性质的极普遍的倾向之中（例如，人们可以承认知识总是在变化的，却又说知识是积累的，而这就意味着知识的基本成分是我们必须发现的永恒真理）。确实，即使断言知识中有任何绝对不变的元素（比如“一切皆流”），也是在知识领域中确立了某种永恒的东西；但是，如果一切皆流，那么知识的每一部分都必定是作为变化过程中的抽象形式而存在的，所以，不可能存在知识的绝对不变的元素。

在人们不仅能把实在而且能把一切知识理解为是以流运动为基础的这种意义上而言，是否有可能避免这种矛盾？抑或，人们必然地要把知识的某些元素（比如涉及过程本性的那些元素）看作是超越过程流的绝对真理？这个问题就是我们在本章中将要讨论的。

3.2　思想与智力

为了探究知识怎么被理解为过程的问题，我们首先注意到，一
切知识都是在思想中产生、展开、传达、变换和运用的。从其变化 64
运动（而不只从其相对明确定义的映像与观念的内容）来考虑，思想确实是过程，在其中知识具有其实际而具体的存在性。（“导言”中曾讨论过这点。）

思想过程是什么？思想实质上是记忆在生活的每个时期的能动反应。思想包括了智力的、情绪的、感官的、肌肉的和生理的记

忆反应。这些反应是一个不可分解的过程的一切侧面。分离地对待它们就会助长破碎化与混乱。它们全体是对每一实际境况的一个记忆反应过程，这反应又导致对记忆的进一步贡献，从而成为下一步思想的条件。

例如，思想最早和最原始的一种形式仅仅是对于欢乐或痛苦的记忆，伴随着可能由对象或情境激起的视觉、听觉或嗅觉映像。在我们的文化中，人们通常认为，涉及映像内容的记忆与涉及情感的记忆是相互分离的。然而很明显的是，这种记忆的全部意义恰恰是映像与情感的结合，这种结合（同智力内容和生理反应一道）构成了关于所记住的东西是好或是坏、想望或不想望等等的判断总体。

显然，被如此视为记忆反应的思想，在其操作序上基本上是机械的。它或者是某种先前存在的从记忆中得来的结构的一种重复，或者是这些记忆的某种组合排列和组织化以构成观念、概念、范畴等等更进一步的结构。这些组合可能具有某种从记忆元素的偶然相互作用中产生的新奇东西，但很清楚，这种新奇的东西实质上仍然是机械的（就像万花筒中显现的新组合一样）。

65 在这种机械过程中，找不到内在的根据以说明所产生的思想为什么应该相关或符合唤起思想的实际情况。洞察任一特殊思想是否相关或符合的问题需要一种不是机械的能量的操作。我们称这能量为智力。智力能感知新序或新结构，新序或新结构不仅仅是对记忆中已知或已存东西的一种修改。例如，一个人可能在某个疑难问题上思索很长一段时间。突然间，他在理解的闪现中发现自己对这个问题的全部思维方式的非相关性，同时发现了一条不同的进路，在其中所有的元素都符合新序和新结构。显而易见，这种闪现实质上是一种*感知行动*，而不是一种思想过程（类似的观点已在第一章中讨论），尽管后来可在思想中表达它。这种行动所涉及的是对于诸如同一与差异、分离与结合、必然与偶然、原因与结果等抽象的序和关系的*心灵感知*。

这样，我们就把所有基本上是机械的和条件的记忆反应放在一个词或符号（即思想）的名下；同时又把这同在其中可产生新东西的新颖的、创造性的和无条件的智力反应（或智力感知）区分开来了。然而，在这里人们可能问："人们怎么能知道这种无条件的反应是根本可能的呢？"这是一个大的问题，这里不可能予以详细讨论。然而，这里可以指出的是，事实上每个人至少隐含地接受了智力不是有条件的观念（并且，人们实际上不可能始终如一地接受相反的观念）。

例如，考虑这样一种企图，即试图断言人的所有行为都是有条件的和机械的。这种观点采取了以下两种典型形式：人基本上是他的遗传素质的产物；人完全是由环境因素决定的。然而，人们可以问这个相信遗传决定论的人，他自己断言这种信念的陈述是否 66
仅仅是他的遗传的产物？换言之，他是被他的遗传结构强迫表示这种意见的吗？同样，人们可以问相信环境决定论的人，他对这种信念的断言是否仅仅是在环境规定他使用范式的语言中所发挥的高谈阔论呢？显然，在这两种情形（以及那种当人们断言人是完全由遗传与环境共同决定的情形）中，答案都必定是否定的，否则，讲话者就否定了他们所说的可能有的意义。实际上，任何陈述都必然意味着：讲话者能够根据智力感知来讲话；而智力感知又可以拥

有一种不只是以过去所获得的意义或技巧为基础的机械论产物的真理。所以我们看到，任何人根据他的交流方式不可能回避这样的意思：即他至少承认我们称之为智力的那种自由而无条件的感知是可能的。

现在有大量的证据表明，思想基本上是一种物质过程。例如，已经观测到：在广泛的境况中，思想是不能跟大脑和神经系统中的电活动和化学活动以及伴随的肌肉紧张与运动相分离的。那么，人们会不会说：尽管智力可能具有更微妙的本性，但它仍是一个相似的过程呢？

就我们这里提出的观点来看，情况不是这样的。如果智力是一种无条件的感知行动，那么它的基础不可能存在于诸如细胞、分子、原子、基本粒子等结构之中。从根本上说，被这些结构的定律所确定的任何事物必定存在于已知领域，即储存于记忆之中，从而它必将拥有任何事物所具有的机械本质，这个机械本质可同化于
67 思想过程的基本机械特征。智力的实际操作因而超越了那些可纳入任何已知定律之中的因素所能确定或限制的范围。所以，我们看到，智力的基础必定存在于未规定的和未知的流之中，这种流也是所有可定义的物质形式的基础。因此，基于任何知识分支（如物理学或生物学）是不可能对智力加以推断或说明的。智力的起源比任何可知的、能够描述它的序更深层、更内在。（实际上，必须领会可定义的物质形式的序，借助于它我们会有希望去领会智力。）

那么，智力与思想的关系是什么呢？简言之，人们可以说，当思想对它自己起作用时它是机械的而非智力的，因为它把从记忆中抽取的一般不相关与不适合的序强加给自身。然而，思想能

够做出反应；不仅根据记忆来反应，而且根据在任何情况下都能看出的特殊的思想线索是否相关和符合的无条件智力感知来做出反应。

在这里考虑无线电接收机的映像，也许是有用的。当无线电接收机的输出"反馈"到输入时，接收机就对它自身进行操作，所产生的主要是不相关的和无意义的噪声；但是，当接收机对无线电波上的信号敏感时，它自身的内部电流（被转换成声波）的运动之序便与电波的信号之序相同，从而接收机起的作用是把一个起源于其自身的结构水平之外的有意义的序带到其自身的结构水平上来。于是人们可以提出：在智力感知中，大脑和神经系统直接对普遍的和未知的流中存在的序做出反应，这种流不能归结为任何用可知结构来定义的东西。

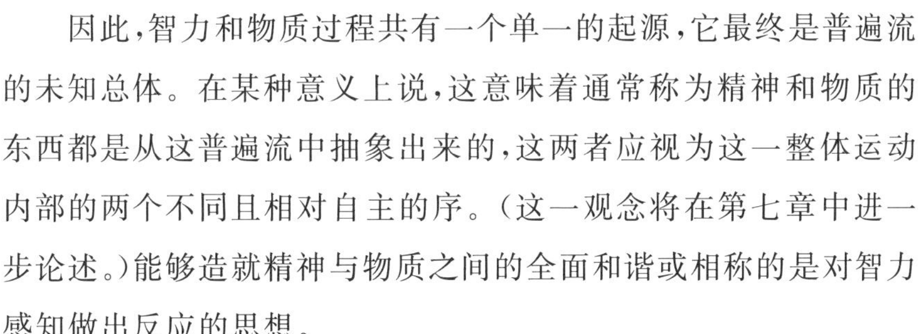

因此，智力和物质过程共有一个单一的起源，它最终是普遍流的未知总体。在某种意义上说，这意味着通常称为精神和物质的 68
东西都是从这普遍流中抽象出来的，这两者应视为这一整体运动内部的两个不同且相对自主的序。（这一观念将在第七章中进一步论述。）能够造就精神与物质之间的全面和谐或相称的是对智力感知做出反应的思想。

3.3　事物与思想

假设思想是一种当它与智力感知平行活动时可能相关于某更普遍境况的物质过程，那么，人们就会被引向去探究思想与实在之间的关系。比如，人们通常相信，思想的内容处于某种与"实在事物”的反射对应性之中；思想的内容或许是事物的摹本或映像或模仿，或许是事物的一种“地图”，或许[沿着与柏拉图提出的类似的线索去看]是对事物的基本形式和最内在形式的把握。

这些观点中的任何一个正确吗？抑或，这问题本身不需要进一步澄清吗？因为它预先假定我们已经知道“实在事物”(real thing)的意指、实在与思想之间的区分的意指。但是，这恰恰是没有得到恰当理解的东西[例如，甚至康德的相对精致的“物自身”(thing in itself)观念也跟朴素的“实在事物”观念一样不清晰]。

在这里考察一下诸如“事物”(thing)和“实在”(reality)之类词的来源，我们或许能找到一条线索。从词源研究这一领域的观察结论中能发现早期思想形式的痕迹。就这一意义而言，研究词的来源可以看成是对于我们思想过程的考古学。就像对人类社会的研究那样，来自于考古学探究的线索常常能帮助我们更好地理解现在的处境。

“事物”一词可回溯到许多古老的英语单词[①]，这些单词的意义包括“对象”、“作用”、“事件”、“条件”、“会合”，从而与意指“确
69 定”、“解决”的那些词相关，或许还与“时间”或“季节”相关。因此，“事物”一词的原始含义也许是“在某一时间或某些条件下发生的东西”。(与德语单词“bedingen”比较一下，后者的意思是“创造条件”或“确定”，它也许是作为“to bething”被译成英语的。)所有这些含义都表明，“事物”一词是为种种条件所限制或确定的任何存在形式(暂时的或恒久的)的高度概括。

---

① H. C. Wyld, *The Universal Dictionary of the English Language*, Routledge & Kegan Paul, London, 1960.

那么,“实在”一词的来源是什么呢?它来自于拉丁语单词“res”,“res”的意思是“事物”。成为实在的就是成为某一“事物”。于是,在其早期含义中,“实在”表征着“一般的事物状态”或“作为一事物的质”。

特别有趣的是,“res”来自含义为“思想”的动词“reri”,所以从字面上讲,“res”就是“被想到的东西”。自然这就意味着,被想到的东西是独立于思想过程而存在的;换言之,当我们通过思考来创造和维持一个作为精神映像的观念时,我们没有以这种方式来创造和维持“实在事物”。然而,“实在事物”受到能按照思想来表达的条件的限制。当然,实在事物所具有的东西永远多于我们涉及该事物的思想内容所能包含的东西,这一点总是能被进一步的观测揭示出来的。况且,我们的思想一般也不是完全正确的,因此,我们可期待实在事物最终将显示出与我们涉及它的某些思想含义相矛盾的行为或性质。实际上,这些性质是实在事物藉以证明它基本上独立于思想的主要存在方式。于是,事物与思想之间关系的主要表现就是,当一个人正确地想到某事物时,这种思想至少在某一点上能够指引他在他与该事物的关系中的行为,以造成一种和谐的、没有矛盾和混乱的总局面。

如果实在事物和关于该事物的思想在一个不可定义与未知的 70
总体流中有它们的基础,那么,企图通过假设思想与事物有反射对应性来说明二者的关系,就是毫无意义的了,因为思想和事物都是从这总过程中抽象出来的形式。这两种形式相关的根据只可能存在于它们由之产生的这一基础之中,但是,在此基础上我们无法讨论反射对应性,因为反射对应性蕴含了知识,而这一基础是超越能

被同化于知识内容之中的东西的。

这是否意味着，我们对事物与思想之间的关系就不能做进一步的洞察呢？我们认为，进一步的洞察事实上是可能的，但这需要以一种不同的方法来考察这个问题。为了表明这一方法所涉的取向，作为一个类比，我们可以考虑众所周知的蜂舞：在蜂舞中，一只蜜蜂能够向其他蜜蜂指出蜂蜜花的位置。蜂舞也许不应被理解为在诸蜜蜂的“心灵”中产生一种与蜂蜜花有反射对应性的知识形式。而是，蜂舞只是一种当被恰当地进行时起着指示者或指示器作用的活动，它使诸蜜蜂倾向于进行一种一般能引导它们到有蜂蜜花的地方去的有序活动。这活动不是跟采蜜中涉及的其他活动相分离的。在一个未破缺的过程中，它流入且并入过程的下一个阶段。所以，人们可以提出考虑如下观念：思想是一种起指示作用的“心灵舞蹈”；当其被恰当实施时，它便流入且并入一个作为整体的和谐而有序的生命总过程。

在实际事务中，这种和谐与序的含义是相当清晰的（例如，社会将成功地提供食物、衣服、住宅和生命的卫生条件等），但是人们也从事超越直接的实际事务的思想活动。例如，远古以来人们就
71 一直在宗教思想、哲学和科学中探觅万物的起源以及它们的一般序与本性。这可以称之为把“一切事物的总体”作为其内容的思想（比如，试图理解整体实在的本性）。我们在这里所提出的就是，对总体的这种理解不是“思想”与“整体实在”之间的反射对应性。相反，它应被视为一种艺术形式，就像诗歌一样能使我们在全部的“心灵舞蹈”中（从而在大脑和神经系统的普遍功能中）倾向于有序与和谐。这点早先在“导言”中曾指出过。

于是，这里需要的不是一种会给予我们某种关于思想与事物或思想与“整体实在”之间关系的某种知识的说明。而是，这里需要的是一种理解行动；在其中，我们看到作为一个现实过程的总体，当这一过程被恰当地进行时它有利于产生一种和谐而有序的总体作用，把思想和思想的对象结合在一个单一的运动之中，而将这一运动分解成为分离的部分（例如，思想和事物）是没有意义的。

3.4　思想与非思想

因此很清楚，思想和事物最终不能被分解成独立存在的东西；但同样明显的是，在人的直接经验中，这种分解与分离至少暂时地或者作为一个出发点是不得不做出的。事实上，实在的东西与纯粹思想的东西、从而与想象或虚幻的东西之间的区分，不仅对实际事务的成功来说是绝对必要的，而且归根到底对维持我们的精神正常来说也是绝对必要的。

在这里，考虑这区分是怎么产生出来的是有益的。比如，众所周知[①]，幼小的孩子通常很难把他的思想内容与实在事物区分开
来［例如，他可能想象其他人能看见他的思想内容，就像他能看见 72
这些内容一样；他可能害怕其他人叫作“假想的危险”（imaginary danger）的东西］。所以，他往往从朴素的思想过程（即没有明显地意识到他在思维）开始，而在某一阶段当他意识到他似乎感知到的某些“事物”实际上“只是思想”因而“不是事物”（或无）、而别的东

① J. Piaget, *The Origin of Intelligence in the Child*, Routledge & Kegan Paul, London, 1953.

西则是“实在的”(或某事物)时,他会变得有意识地领悟到这一思想过程。

原始人必定常常处于一种类似的境况之中。当原始人在处理各种事物的过程中开始确立实践的技能性思想范围时,这种思想映像(thought images)就变得更加强烈、更加频繁。为了在他的全部生活中建立起适当的平衡与和谐,他很可能觉得需要用类似的方法来发展他关于总体的思想。在后一类思想中,思想与事物之间的区分特别容易混淆。比如,当人们开始想到自然的力量和诸神的力量时,当艺术家描绘出动物和诸神的生动形象、觉得它们拥有不可思议的或超自然的力量时,人们被引导去从事一种没有清晰的物质内容的思想,这种思想是如此强烈、如此持续不断和如此“生动”,以致他不能再坚持精神映像和实在之间的明确区分。这些经验最终必然会使人们非常强烈地要求弄清楚这种区分(被表述为这样一些问题,“我是谁?”“我的本性是什么?”“人、自然和诸神的真实关系是什么?”等等),因为人们最终必定会发现把实在的东西与非实在的东西永久地混淆起来是无法忍受的:这种混淆不只使我们不能对实际问题采取合理的态度,而且还会使生活失去一切意义。

于是很清楚,人们在他的全部思想过程中迟早会要求系统地弄清楚这种区分。人们能够看到,在思想过程的某个阶段必然会
73 觉得仅知道怎样把特殊思想与特殊事物区分开来是不够的;相反,必须普遍地理解这种区分。于是,原始人或幼小的孩子也许有一种他领悟到(也许无法用言词明确表达)整体思想必须同不是思想的整体东西区分开来的洞察闪现。这可以更简洁地表述为思想

(thought)与非思想(non-thought)之间的区分，且可进一步简化为 T 和 NT。这一区分中隐含的推理路线是：

> T 不是 NT(思想和非思想是不同的和相互排斥的)。
>
> 一切事物不是 T 就是 NT(思想和非思想涵盖了全部能够存在的东西)。

在某种意义上说，真正的思维开始于这种区分。在做出这种区分以前思维可能发生，但是如前面指出的，不可能充分意识到思维就是正在发生着的东西，所以，思想以这种方式恰当地始于思想，通过把自身与非思想区分开来而意识到自身。

此外，思想恰当开始的这一步，或许就是人首次把这个总体作为其内容的思想。我们还可以看到，这种思想怎样深深地嵌入在所有人的意识之中，以及作为把健全的精神与序带入到它的“舞蹈”之中的思想尝试的一个必要阶段是如何很早就出现了的。

这一思想模式，可通过努力发现属于思想和属于非思想的各种相异特征或性质，而得到进一步的发展和更明确的表达。因此，就事物性而言，非思想通常与实在是同一的。如前面所指出的，实在事物主要是通过它们独立于我们对它们的思考而被认识的，进一步的特征性区分则是，实在事物也许是贯穿于全部实在中易感觉到的、稳定的、抗拒改变的独立活动的源泉。相反，思想可以看 74
成是纯粹的“精神材料”，它们是不易感觉到的、短暂的、易变的，并且，在它们自身之外不可能开创独立的活动路线，等等。

然而，思想与非思想之间的这种僵化区分，根本不可能坚持下去。因为人们可以看到,思想是一种实际的活动,它必须以一个重叠与包含着思想的、更广阔的实际运动与作用的总体为根据。

因此,如前面已指出的,思想是一种物质过程,它的内容是记忆的总反应,包括情感、肌肉反应甚至种种生理感觉,这些东西与整体反应结合在一起并从整体反应中流出来。就这种意义而言,我们总环境的所有人为特征事实上是思想过程的扩展;因为这些特征的形状、形式和一般的运动序基本上都源于思想,并且,在人们的活动中(受这种思想的指导)又并入到这一总环境之中。反之亦然,总环境中的每一事物自然地或通过人们的活动具有一种形状、形式与运动模式,其内容经由感知"流入",产生了留下记忆痕迹从而充实了进一步思想的基础的种种感觉印象。

在这种整体运动中,原先存在于记忆中的内容不断地转化成总环境的一个整体特征,而原来存在于环境中的整体内容则变成了记忆的一个整体特征。所以(如前面所指出的),这两者都参与了一个单一的总过程。在其中,对分离部分(如思想和事物)的分解是根本没有意义的。思想(即记忆的反应)和总环境不可分割地联系于其中的这一过程,显然具有循环的本性,正如图 3.1 形象地说明了的(尽管,这一循环当然应更准确地视为总是在展开成为某一螺旋形)。这种循环(或螺旋)运动(思想完全真实而具体地存在于其中)还包括人们(他们是互为环境的)之间的思想交流,它涉及无限遥远的过去。因此,在任何阶段我们都不能说,思想的总过程开始了或终结了。相反,思想的总过程必须被看成是一个未破缺的运动总体,它不属于任何特定的个人、地点、时间或人群。考虑到在神经反射、情感、肌肉活动等等中的记忆反应具有物质本性，还考虑到在上述总循环过程中这些反应与总环境是结合在一起的，我们因而看到了思想就是非思想（T 就是 NT）。

75

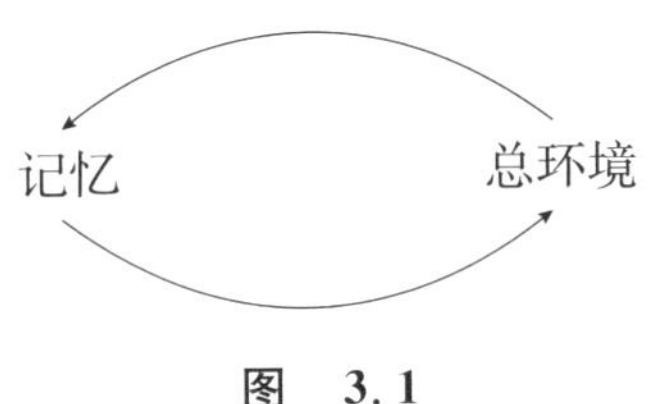

图　3.1

反之亦然，我们也能够看到非思想就是思想（NT 就是 T）。因此，“实在”实际上是一个包含了某种思想内容的词。诚然，对于我们语言中的任何一个术语都是可这么说的，但是如已看到的，这些术语一般可以表示一些实际的事物，我们原则上能够感知到它们。然而，我们没有办法如此这般地考察实在，即为了检验我们的观念是不是符合这种“叫作实在的事物”，仿佛它是某种“事物”。在这点上我们确已提示：“实在”一词表示的是一个未知的和不可定义的总体流，总体流是一切事物和思想过程的基础，也是智力感知活动的基础。但是，这基本上并没有改变这个问题。因为，如果
实在是未知的和不可知的，我们怎么能肯定实在就存在？答案当 76
然是：我们不能肯定。

然而，不能由此得出结论说“实在”是无意义的词，因为，如我们已看到的，只要“舞蹈形式”包含了思想和非思想（即实在）之间的某种区分，心灵在其“思想舞蹈”中终究能有序而健全地运行。但是我们也看到，这种区分必须是在永远变化着的过程流中做出的：在其中思想变成非思想，而非思想则变成思想，以致不能认为

这种区分是僵化不变的。这种非僵化不变的区分显然要求智力感知的自由运动；在任何场合下，这种感知都能识别出什么内容出自于思想、什么内容源于独立于思想的一种实在。

于是很清楚，把“实在”这个术语（在这里是指“整体实在”）看成是思想内容的一部分是不恰当的。或者换个说法，我们可以说实在不是事物，它也不是一切事物的总体（即我们不应把“实在”与“每一事物”等同起来）。由于“事物”一词表征一种有条件的存在形式，因此这就意味着“整体实在”也不应看成是有条件的。（实际上，把“整体实在”看成是有条件的观点是不可能站住脚的，因为“整体实在”这个术语的意思是，它包括了能够决定它和它可能依赖的所有因素。）所以，当任何以思想和实在之间的僵化与永久的区分为基础的总体观念运用于该总体时，必定会崩溃。

思想与实在（即非思想）之间的僵化区分的原始形式是：

T 不是 NT

一切事物不是 T 就是 NT

这种形式是所谓亚里士多德逻辑的特征（尽管这种形式很可能像
77 思想本身一样古老，而亚里士多德只是我们所知的最早清楚而简洁地阐明这种形式的人）。这可以叫作适合于各种事物的逻辑。与这种逻辑相符的任何特殊的思想形式，当然可运用于一个只在其成为它自身所必需的某些条件下的相应事物。这就是说，一组遵从亚里士多德逻辑规则的思想形式，只在某有限领域内才在合并事物的活动中起着合适的引导作用，超出这个领域这些事物必定会发生变化或以新的方式行事，所以别的思想形式也是需要的。

然而，当我们来考虑“一切实在事物的总体”时，我们主要关心的（如已看到的）不是有条件的事物，而是作为一切事物最终基础的无条件的总体。在这里，亚里士多德阐述的规则能够运用的有限领域或运用时所需的条件甚至不存在，就这种意义而言，这些规则崩溃了。因此除了亚里士多德的规则之外，我们还必须断言以下的东西：

T 是 NT
NT 是 T

一切事物既是 T 又是 NT（即，这两者在单一的不破缺过程中互相合并、互相流入，它们在其中终究是一个事物）。

一切事物既不是 T 又不是 NT（即，终极的基础是未知的，因此既不像 T 也不像 NT 或任何其他方式那样是可详细说明的）。

如果把上述条款与原来的条款“T 不是 NT”和“一切事物不是 T 就是 NT”结合起来，并且如果我们进一步假定“T”和“NT”是事物的名称，那么，我们就包含了绝对的自相矛盾。我们在这里要做的事情是把这种完全的结合看作是一种指示，即“T”和“NT”都不是事物的名称。相反，如前面所指出的，它们应被看成是我们 78
在论述中所使用的术语，其功能是让心灵进行智力感知活动。在智力感知活动中，所祈求的就是在每一境况中识别什么内容源于思想（即记忆的反应）、什么内容源于某种独立于思想的“实在”。既然独立于思想的实在最终是未知的和不可知的，这种识别显然就不能采取这样的形式：即把上述内容的一种特征指派给一个特殊的固定范畴 T 或 NT。相反，如果对于永远变化着的、源于思想（即源于记忆反应，记忆反应属已知领域）的东西的总体有一种领悟，那么，从隐含的意义上，这一总体之外的东西统统都应看成是独立于思想而发生的。

很清楚，最重要的是，源于记忆反应中的任何东西都不会未被意识觉察或遗漏。这就是说，在这领域中可能犯的主要“错误”不是积极地把源于思想的东西指派给独立于思想的实在的错误；而是，这是一种消极地忽略了或没有意识到某种源于思想的某种运动的错误，从而隐含地把该运动看成是源于非思想的。这样，实际上是单一的思想过程被默认成是分裂为两部分的（当然谁也没有意识到这里所发生的事情）。思想过程的这种无意识的破碎化必将导致扭曲所有的感知活动，扭曲人们自身对于与其独立的实在的记忆反应。

如果人们因此被导向于把他自己的记忆反应归因于实在（这种实在是独立于这些反应的），那么，因此存在着进一步的“反馈”：它导致更不相关于这“独立实在”的一些思想。这些思想还将构成一些在通常很难去掉的自持过程中加在这“独立实在”之上的更不
79 恰当的记忆反应。这类反馈（我们早先在谈到思想相似于无线电接收机的类比中曾指出过这类反馈）最终往往会把心灵的全部操作搞乱。

3.5　视为过程的知识域

我们在日常经验中跟感官可感知的事物打交道，在这种经验中，智力感知通常迟早有可能清晰地辨认出源于思想的种种经验的总体（也隐含着能清晰地辨认出独立于思想而发生的经验总体）。然而，如已看到的，在目标是以总体作为其内容的思想中，要获得这种清晰性是困难得多的：这一方面是因为这思想是如此强烈、连续和具有总体性，以致它对实在给出了一个很深的印象；另一方面是因为没有什么感官可感知的“事物”能够检验这种思想。因此，对人们思想的实际过程给予不适当的关注，很容易“滑入”对于记忆的条件反应，在此反应中人们不警觉这仍只是思想的一种形式这一事实，此形式的目的是要给出一个“整体实在”观。所以，人们“由于疏忽”而掉进了默认地把这种观点看作是独立于思想而产生的陷阱，从而以为这观点的内容实际上就是整体实在。

由此出发，人们将看到，如其总体观念所给予的，在其可及的全部领域中，没有给总体序（overall order）的变化留有余地，而这总体概念现在确实似乎必须包括一切可能的、甚至能加以思考的东西。然而，这意味着我们关于“整体实在”的知识必须被看成是具有僵化的和最终的形式，这种知识形式反映或揭示了这总体实在实际具有的一种相应的僵化的和最终的形式。显然，采取这种态度往往会妨碍感知清晰性所需要的心灵自由运动，从而强化扩 80
展到各个经验方面的、无所不在的歪曲和混乱。

如早先指出的，必须把以总体作为其内容的思想看成是一种艺术形式。它像诗一样，其功能主要是引起一种新的感知、引起隐含在这种感知中的作用，而不是传达关于“每一事物是怎样的”反应性知识。这意味着，如果有一首终极的诗(终极的诗会使所有新诗成为不必要的东西)的话，这种思想也不会有比这更多的终极形式。

考虑总体的任何特殊的形式，确实指示着一种看待我们与实在整体接触的方式，因此它隐含着在这种接触中我们可以怎么行事。然而，这样的看待方式至多只能在某一点上导致总体序与和谐，超出这一点它就不再是相关的和合适的了，就此意义而言，每一种这样的看待方式都是有局限的。(请与第二章的功能真理观念相比较。)归根到底，包含着任何特殊总体观念的思想的实际运动，必须被看作是一个形式和内容永远变化着的过程。注意并意识到处于实际变化流动中的思想，如果这过程恰当地进行下去，那么，人们就不会陷入这样的习惯：即默认地把内容看成是终极的、实质上静止的、独立于思想的实在。

然而，甚至关于思维本性的这一陈述本身也只是总变化过程(total process of becoming)中的一种形式；这一形式指示了一定的心灵运动序，以及和谐地从事这种运动时所需要的一定的意向。所以，这一陈述本身也不是终极的东西；我们也不能说出这一陈述会导致什么结果。显然，当我们继续进行这一过程时，我们必须准备接受思想中发生的更加根本的序变(changes of order)。这些
81 序变必然会在新颖的、创造性的感知活动中发生，后者是这种思想的有序运动所必需的。于是，在本章中我们所提议的是，唯有把知识视为总过程流(total flux of process)的组成部分的观点一般才

可导致一种对整个生活采取更和谐、更有序的态度，而不是导致静止的、破碎的观点。这后一观点不把知识看成是过程，它把知识从实在的其余部分割裂开来。

在这一境况中重要的是强调：把关于总体的某些观点永久性地等价于怀特海的或其他人的，就会妨碍*始终如一*地把知识看成是总过程的必要组成部分。的确，接受怀特海观点的人实际上是把他的观点作为*知识变化*(becoming of knowledge)的进一步过程的出发点。(也许我们可以说，他们沿“知识流”从事着更深入的工作。)在这一过程中，有些方面可能变化很慢，而其他方面可能变化很快。但是须记住的关键之点是：这个过程没有绝对僵化的可确定的方面。当人们用“一切实存事物的总体”的理念这一创造性的“艺术形式”来工作时，当然时时刻刻都需要智力感知，用以识别适当地缓慢变化的方面和适当地迅速变化的方面。

在这里，我们必须十分警觉与细心，因为我们往往会试图用特殊的概念或形象将我们讨论的主要内容僵化，并且，如此这般地谈论这内容，俨如它是独立于关于它的思想的一个分离的“事物”。我们没有注意到这“事物”实际上此刻已变成了一种形象，一种在思想的总过程中的形式，即记忆的反应，它是过去心灵感知的一种残留(不是某人自己的就是某个他人的)。因此，以一种很微妙的方式，我们可能再次陷入这样的运动之中：在其中，我们把源于自己思想的某种东西视为好像是一种独立于我们的思想而发生的实在。

领悟到知识的真实性是一个*此刻*(例如在此房子里)正发生的 82
充满活力的过程，我们就能保持不落入上述陷阱之中。在这样一个实际过程中，我们不是在直接谈论知识的运动，俨如从外部来看它那样。我们实际上参加到了这一运动之中，并意识到这就是正发生着的东西。这就是说，它对于我们大家都是真正的实在，一个我们能够观察和能够给予注意的实在。

于是，关键问题是，“我们能够意识到这实际的知识过程的永远变化和流动着的实在吗？”如果我们根据这种意识来思考，那么，我们就不会错误地把源于自己思想的东西当作是源于独立于思想的实在的东西了。因此，以总体作为其内容的思维艺术可以以一种没有混乱的方式发展。混乱是那些企图一劳永逸地规定什么“是整体实在”、从而使我们把这种思想内容误认为是独立于思想的总体实在的总序的思想形式所固有的。

第四章　量子理论中的隐变量 83

关于量子理论后面是否存在隐变量(hidden variable)的问题,人们曾以为不久前就已明确地解决了。因此,大多数现代物理学家不再认为这个问题与物理学理论有什么干系。然而,近几年来一些物理学家(包括作者在内)已经发展了一种研究这个问题的新进路,再次提出了隐变量问题①。本章的目的就是简略地回顾一下按照这一新进路迄今所完成的工作的主要特色,从而指出含有隐变量的理论当前正沿之发展的一些总线索。

在我们的讨论过程中,我们将指出一些理由,以说明为什么含有隐变量的理论对于处理许多新的物理学问题,尤其是对于处理在极短距离(10^{-13} 厘米的数量级或更短)和高能(10^{9} 电子伏或更高)领域中所出现的问题,将会是很有意义的。最后,我们要回答 84
针对隐变量观念提出的主要的反对意见;这些反对意见包括:处理海森伯不确定关系(Heisenberg indeterminacy relations)时的一些困难、作用量的量子化、爱因斯坦-罗森-波多尔斯基佯谬(paradox Einstein,Rosen and Podolsky)以及冯·诺伊曼否认可能存在隐变量的论据。

---

① D. Bohm, *Causality and Chance in Modern Physics*, Routledge & Kegan Paul, London, 1957. (中译本:玻姆著,《现代物理学中的因果性与机遇》,秦克诚、洪定国译,商务印书馆,1965 年;1999 年。——译者)

4.1 量子理论的主要特征

为了理解隐变量理论的发展道路，必须首先清楚地记住量子理论的主要特征。虽然量子理论有几种不同的表述形式[分别由海森伯、薛定谔、狄拉克(Dirac)、冯・诺伊曼和玻尔所建立]，它们的解释亦有所不同①，然而它们都具有如下共同的基本假设：

1. 量子理论的基本定律是用波函数(wave function，一般是多维的)表述的，波函数满足一个线性方程(所以其解能线性叠加)。

2. 一切物理结果是借助于某些由厄米算符(Hermitian operator)代表的“可观测量”计算的，这些算符线性地作用于波函数。

3. 任一特定的可观测量，只有当波函数是相应算符的一个本征函数时才是确定的(准确地确定)。

4. 如果波函数不是相应算符的本征函数，那么，对于相应的可观测量所做的一次测量的结果就不能预先确定。对于由同一波函数代表的系统所构成的系综所做的一系列测量，其结果将随机地(无规则地)在各种可能情况那里涨落。

5. 如果波函数表示为

85

$$\Psi = \sum_{n} C_n \Psi_n$$

其中 Ψ_n 是所涉算符对应于第 n 个本征值的本征函数，那么，在一

---

① 参阅 J. von Neumann, *Mathematical Foundations of the Quantum Theory*, Princeton University Press, 1955； W. Heisenberg, *The Physical Principles of the Quantum Theory*, University of Chicago Press, 1930； P. Dirac, *The Principles of Quantum Mechanics*, Oxford University Press, 1947； P. A. Schilp(ed.), *Albert Einstein, Philosopher Scientist*, Tudor Press, New York, 1957，特别是其中论述玻尔观点的第七章。

个大的测量系综中获得第 n 个本征值的概率为 $P_n = |C_n|^2$。

6. 由于许多算符(如 p 和 x)互不对易(这些算符所对应的变量在经典力学中必定是一起确定),因此不可能存在这样的波函数,它们是一个给定物理问题中有意义的全部算符的共同本征函数。这意味着:并非所有物理上有意义的可观测量都能同时确定,更重要的是,那些不被确定的可观测量是在对一个由同一波函数代表的系综所做的一系列测量中无规地(随机地)涨落着。

4.2　量子理论对决定论的限制

从上节所述的各项特征中,人们能直接看出:按量子理论确定的单次(individual)测量结果的范围有一个确定的界限。这种限制适用于明显依赖于物质的量子性质的任何测量。例如,在一个放射性核的系综里,每种核的衰变都能被盖革计数器的咔嗒声个别地探测出来。量子力学对这问题的更详细研究表明:对应于衰变产物的测量结果的算符与用本征函数代表未衰变核的算符不对易。因此可以推论:如果我们开始时有一个用同一种波函数代表的未衰变核的系综,那么,每个单独核的衰变时刻将是不可预测 86
的。各个核的衰变时刻无规地变化着,而从波函数只能近似地预测在给定的时间间隔内的平均衰变率。如果把这种预测与实验进行比较,的确就会发现,盖革计数器的咔嗒声是随机分布的,但同时也有一个规则的平均分布,后者遵从量子埋论中的概率律(probability laws)。

4.3 论量子理论的非决定论解释

鉴于量子理论在如此广泛的一个领域内(包括前一节中作为一个特殊而典型的例子来讨论的问题)是与实验相一致的,显然量子力学的种种非决定论特点就某种方面来说是原子和原子核领域内物质的真实行为的一种反映。但是,这里出现了怎样去解释这种非决定性的问题。

为了弄清楚这个问题的意义,我们来考虑一些类似的问题。例如,众所周知,保险公司的经营是以某些统计律为基础的,这些统计律以高度的近似预测年龄、身高、体重等在给定的范围内的人在某一特定时期内因患某种疾病而死亡的平均人数。尽管这些统计律不能预测个体投保人死亡的精确时间,尽管个体投保人的死亡是随机分布的,与保险公司所能收集到的资料没有什么规律性联系,可是保险公司仍能这样做。虽然如此,这种统计律起作用的事实并不妨碍个体定律同时也起作用,这些个体定律更详细地确定了每个投保人死亡的准确条件(比如,某个人可能在某一特定时
87 刻穿过马路而被汽车撞倒,又比如,他可能身体虚弱时感染病菌等)。因为,若同一结果(死亡)可以由大量实质上相互独立的因素引起,那么就没有理由禁止这些因素刚好以导致大集合中的统计律的方式来分布。

这些考虑的重要性是很明显的。例如,在医学研究领域中,统计律的作用从来不被当作是反对研究更详细的个体定律(比方,关

于什么因素使特定的个体在特定时刻死亡等）的理由。

与此类似，在物理学领域中，当发现花粉和烟粒经受一种遵从某些统计律的随机运动（布朗运动）时，人们便假设这是由于千万个分子的碰撞所产生的，这些分子遵从更深层次的个体定律。于是，人们看到了统计律是与可能存在的更深层次的个体定律相一致的。因为，如保险统计的例子那样，单个的布朗微粒的全部行为是由大量实质上独立的因素确定的。或者说得更一般些，在某一特定统计律范围内个体行为的无规律性，一般是与适用于更广泛范围内一些更详细的个体定律的观念相一致的。

鉴于上面的讨论，看来很明显，至少从问题的表面来看，我们应当可以不受约束地考虑下述假说，即单个的量子力学测量结果是由大量的新型因素确定的，这些新型因素超出了量子理论所能涉及的范围。这些新型因素在数学上由一组描述新型实体的状态的新变量来表示，这种新型实体存在于一个更深的亚量子力学层次之中并遵从具有新质的新型个体定律。于是，这些实体及其定律将构成自然界的一个新的侧面，这个侧面在目前还是“隐藏的”。但是，当初作为假设提出、用来说明布朗运动和大标度物体的各种规则性的原子，原先也同样是“隐藏的”，它们只是后来才被对单个 88
原子性质敏感的新型实验（如，盖革计数器、云室等）详尽地揭示出来。同样人们可以设想：描述亚量子力学实体的变量将在以后我们再发现了别的一些实验时被详尽地揭示出来，正如现在的实验之不同于那种能够揭示大标度层次（如，对温度、压力的测量等）定律的实验一样。

在这里必须指出，众所周知，大多数现代理论物理学家①拒绝上述类型的任何提议。他们之所以这样做，主要是以如下结论为根据的：量子理论的统计律（statistical laws）是与可能存在的、更深层次的个体定律不相容的。换句话说，尽管他们一般承认某些统计律与假定在更大范围内起作用的更深层次的个体定律是一致的，但他们认为把量子力学看作是这样一种统计律是绝对不能令人满意的。这样，量子理论的统计特点便被认为代表着量子领域中个体现象的一种不可约的无规律性。于是，一切个体定律（例如经典力学）被视为是量子理论的概率律的极限情形，它们只对包含大量分子的系统才近似有效。

4.4 把量子力学的非决定论解释作为不可约的无规律性的有利论据

我们现在来考虑几个主要论据，由这些论据得出的结论是：量子力学的非决定性代表着一种不可约的无规律性。

89 ### 4.4.1 海森伯不确定性原理

我们首先来讨论海森伯不确定性原理。海森伯证明了，即使人们假设有物理意义的各种变量以准确确定的值实际存在着（如

① 参阅 J. von Neumann, *Mathematical Foundations of the Quantum Theory*, Princeton University Press, 1955； W. Heisenberg, *The Physical Principles of the Quantum Theory*, University of Chicago Press, 1930； P. Dirac, *The Principles of Quantum Mechanics*, Oxford University Press, 1947； P. A. Schilp(ed.), *Albert Einstein, Philosopher Scientist*, Tudor Press, New York, 1957，特别是其中论述玻尔观点的第七章。

经典力学所要求的),我们也永远不可能同时测量它们的全体。因为观测仪器和被观测物之间的相互作用总是包含有一个以上的不可分解和不可控制地涨落着的量子交换。例如,如果人们想测量一个粒子的坐标点 x 以及相关的动量 p,那么粒子便会受到这样的干扰,使得同时确定二者的最大精确度由众所周知的关系 $\Delta p \Delta x \geqslant h$ 给出。因此,即使有确定单个电子精确行为的更深层次的亚量子定律,我们也无法用任何可思议的测量来验证这些定律真正在起作用。因此我们的结论是:亚量子力学层次的观念只是一种“形而上学的”观念,没有真正的实验内容。海森伯主张:应尽可能少用这种观念来表述物理定律,因为它们对理论的物理预测毫不增添什么内容,反而使理论的表述不必要地复杂化。

4.4.2　冯·诺伊曼反对隐变量的论据

其次一个反对隐变量的主要论据是冯·诺伊曼的论据,现以简要形式介绍如下。

根据 4.1 节中的假定(4)、(5)和(6)可知,没有哪个波函数能描述这样一种状态,在这状态中一切有物理意义的量都是“无弥散的”(dispersionless,即准确地确定,没有统计涨落)。因此,若某一变量(比方说 p)是相当准确地确定的,那么共轭变量(x)就必定 90
在一个更宽的范围内涨落。让我们假设,当系统处于这一状态时,在一个更深的层次上存在一些隐变量,这些隐变量确定着在每一瞬间 x 如何涨落。当然,我们无需确定这些隐变量的值,但在对 x 进行测量的统计系综中我们仍会获得与量子理论所预测的相同的涨落。虽然如此,赋予 x 某一特定值的每一种情况均属于隐变量的某一组特定值，因此，可以把对 x 进行测量的系综看成是由相应的互不相同、完全确定的子系综构成的。

然而，冯·诺伊曼主张，这样一组互不相同的完全确定的子系综是与量子理论的某些别的本质特征（即与波函数中对应于 x 不同值的各部分之间的干扰相关的那些特征）不一致的。为了显示这种干扰，我们可以不测量 x 而代之以进行第三种测量，这第三种测量确定着一种对广大的空间区域中的波函数形式敏感的可观测量。例如，我们可以使粒子通过光栅并测量其衍射图样。（冯·诺伊曼[1]实际上讨论的是一个对应于两个及两个以上不对易算符之和的可观测量情况。但是很显然，在干涉实验中我们在物理上实现的正是这种可观测量的一个例子，因为实验的最终结果确定着被观测系统的位置算符和动量算符的某些复杂组合。）

众所周知，在这样一个实验中，即使各个粒子通过仪器时相互隔得如此之远，致使每个粒子实质上是分别地、与所有其他粒子无关地进入仪器，仍然会得到一个统计的干涉图样。但是，如果这些
91 粒子的整个系综分裂成子系综，每个子系综对应于在 x 的一个确定值处射到光栅上的电子，那么，每个子系综的统计行为就由一个与该点的 δ 函数对应的状态来表示。因此，单个的子系综不可能有干涉，因为干涉代表着来自光栅的其他部分的贡献。由于电子分别地、无关地进入仪器，不可能有对应于不同位置的子系综之间的干涉。这样就证明了，隐变量的观点与物质的干涉性质是不相容的，而后者既是实验中观测到的事实，又是量子理论的必然结论。

---

① von Neumann，在前面所引用的书中。

冯·诺伊曼把上述论据一般化了，并使其更加精确，但他获得的结果实质上相同。换句话说，他的结论是：不能一致地假定存在任何东西（哪怕是假说性的隐变量），它能比量子理论更详细地预先确定单次测量的结果。

4.4.3　爱因斯坦-罗森-波多尔斯基佯谬

反对隐变量的第三个重要证据是与对爱因斯坦等人的佯谬[①]的分析紧密相关的。这一佯谬来自于原先流传很广的一个观点，即认为不确定性原理只不过表示在每一次测量过程中存在一个最小限度的不可预测和不可控制的干扰。爱因斯坦、罗森和波多尔斯基于是提出了一种假设的实验，从中人们能够看到海森伯不确定性原理的上述解释是站不住脚的。

我们在这里介绍这个实验的一个简化了的形式[②]。考虑一个由两个自旋为 $h/2$ 的原子组成的总自旋为零的分子。用一种不影响每个原子自旋的方法把这个分子分解。于是总自旋仍保持为零，虽然两个原子分开了并且不再有明显的相互作用。 92

现在，如果测出了其中一个原子（比方说，A）自旋的任一分量，那么由于总自旋为零，我们能直接得知，另一个原子（B）自旋的同一分量是刚好相反的。这样一来，测出了原子 A 自旋的任一分量，我们便能得知原子 B 的自旋的同一分量，而无需与原子 B 发生任何相互作用。

---

① A. Einstein, N. Rosen and B. Podolsky, *Phys. Rev.*, vol. 47, 1935, p. 777.

② D. Bohm, *Quantum Theory*, Prentice-Hall, New York, 1951.（中译本：玻姆著，《量子理论》，侯德彭译，商务印书馆，1982 年。——译者）

如果这是一个经典系统，那么在解释上便没有什么困难；因为每个原子的自旋的每一分量总是完全确定的，并且总是与另一原子自旋的同一分量等值反向。因此，两个自旋是相关的；这使我们能在测出了原子 A 的自旋时得知原子 B 的自旋。

然而，在量子理论中我们还有另一事实，那就是：在任一时刻，自旋只有一个分量能被准确地确定，而其余两个分量则经受无规涨落。如果我们想把这种无规涨落解释成只是由于测量仪器的干扰，那么，对于被直接观测到的原子 A，我们可以这样说。但是，既不与原子 A 又不与观测仪器有相互作用的原子 B，怎么会“知道”应该让它的自旋在哪个方向上无规涨落呢？如果我们考虑到：当原子仍在飞行时，我们可以随意地重新调整观测仪器的方位，并且这样来测量原子 A 的自旋沿其他方向的分量，那么，上述问题就变得更加困难了。仪器方位的这种变化以某种方式即刻传给原子 B，原子 B 作出相应的反应。这样一来，就使我们违背相对论的一条基本原理，这原理告诉我们：一切物理影响的传播不可能比光速还快。

上述情况不仅表明，不确定性原理实质上只代表由于测量仪器的干扰而产生的后果这种观念是站不住脚的；而且它也向我们
93 提出了一些真正的难题，如果我们想要用在一组隐变量范围内起作用的更深层次的个体定律来理解物质的量子力学特性的话。

当然，如果存在这样的隐变量，那么，它们或许会引起原子 B 和原子 A 之间或者原子 B 与测量原子 A 的自旋的仪器之间的一种“隐”相互作用。于是，量子理论没有予以详细考虑的这种相互作用，原则上能够说明原子 B 是怎么“知道”原子 A 的哪种性质被测量着的。但是，要说明在原子还在飞行时仪器改变方位的情形下的相关性，则困难依然存在，我们得要假定这种相互作用以大于光速的速度在空间传播。显然，任何可接受的隐变量理论都必须以一种满意的方式来处理这个问题的这个方面。

4.5　玻尔对爱因斯坦-罗森-波多尔斯基佯谬的解决——一切物质过程的不可分性

玻尔解决了爱因斯坦-罗森-波多尔斯基佯谬，他的解决办法保留了量子理论中的非决定性是自然界中不可约无规律性这一观念[①]。为此，他利用量子的不可分性(indivisibility)作为他解决这个问题的基础。他论证说，我们把经典系统分解成为相互作用的各个部分的处理方法在量子领域中失效了。因为，只要两个实体结合起来形成一个单独系统(即使只在一段有限的时间内)，这个结合过程就是不可分解的。因此，我们面对的事实是，认为每个过程都可无限地分解为确定时空域中的各个部分的习惯性观念失效了。只有在涉及大量量子的经典极限情形中，这种不可分解性的各种效果才可忽略；也只有在这情形中，我们才能正确地应用关于 94
物理过程可以详尽地分解的这一习惯概念。

为了研究量子领域中物质的这一新性质，玻尔提议先从经典力学层次开始，这一层次是可直接观测到的。借助于我们习惯的一般概念(包括无限可分解性概念)，可以充分地描述发生在这一

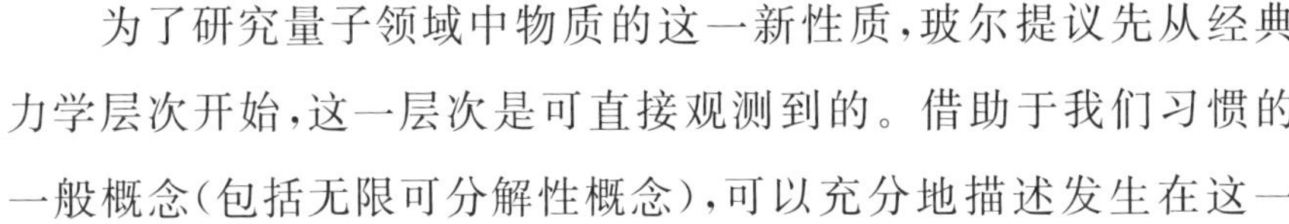

① 对玻尔观点的讨论参阅 Schilp，在前面所引用的书中第 7 章。

层次上的各种事件。于是发现，在一定的近似程度上，这些事件是通过一组确定的定律（即牛顿的运动定律）联系起来的；这些定律根据这些事件在某给定时刻的特征原则上确定着它们的未来进程。

现在实质性的问题来了。为了给经典定律以一种真实的实验内容，我们必须能够确定所涉系统的所有相关部分的动量和位置。要确定动量和位置，就要求该系统与一个能产生与所涉系统的状态有着确定关系的可观测的宏观结果的仪器联系起来。但是，我们必须从观测大尺度仪器的状态能够知道被观测系统的状态，为了满足这一要求，我们必须（至少在原则上）有可能借助于适当的概念分析把这两个系统区别开来，尽管这两者是相互有联系并处于某种相互作用之中。然而，在量子领域中，不再能正确地进行这种概念分析了。因此，人们必须把原先称为“复合系统”的东西看作是一个单一的、不可分解的整体实验情态（experimental situation）。整个实验装置运作的结果并不告诉我们关于我们想观测的系统的什么东西，而只是告诉我们关于它本身的整体状况。

以上关于单次测量的意义的讨论直接导致了关于海森伯不确定性关系的一种解释。如简单的分析表明的，理论上用一个单一
95 的波函数确定两个非对易的可观测量的不可能性，准确而完全地等价于允许对这两个量同时做出实验测定的两整套实验装置同时运作的不可能性。这就使我们想到：两个算符的不对易性应解释为实验上确定对应量的两种仪器安排不相容性的数学表示。

在经典领域中，上述这种一对对的正则共轭变量当然必须同时确定。这样一对共轭变量中的任何一个都描述着整个系统的一个必要侧面，如果要唯一地、毫不含糊地确定整个系统的物理状态，那么，这两个侧面必须结合起来。可是在量子领域中，如我们看到的那样，这样一对共轭变量中的每一个只有在另一个变得不精确确定的实验情态下，才能比较精确地确定。在某种意义上说来，每一个变量都与另一个变量相对立。虽然如此，它们仍然是“互补的”，因为每个变量都描述了整个系统的一个实质方面，它是另一个变量所不能描述的。因此，两个变量仍须一起使用，不过现在它们只能在海森伯原理所确立的极限内被确定。这样一来，在量子领域中，这些变量不再为我们对物质提供一个确定的、唯一的和不含糊的概念。只有在经典领域内，这样一个概念才是一个合适的近似。

如果在量子领域中不存在确定的物质概念，那么，量子理论的意义是什么呢？在玻尔看来，量子理论只是经典力学的一种“推广”。在经典力学中，用来联系各种可观测的经典现象的是牛顿方程，这是一组完全决定论的、可无限分解的定律。但是现在，我们代之以量子理论来联系这些现象，量子理论提供了一组概率定律，它们不允许对现象作无限详尽的分析。相同的一些概念(如位置 96
和动量)既出现在经典理论中也出现在量子理论中。在这两个理论中，所有概念都以实质相同的方式获得它们的实验内容，即它们都与一个特殊的、涉及可观测的宏观现象的实验装置相关联。经典理论与量子理论之间的唯一区别只在于它们用不同的定律联系这些概念。

显然，按照玻尔的解释，在量子领域中任何东西都测量不出来。的确，在他的观点中，在量子领域中根本不存在能被测量的东西，因为一切能用以描述、定义和思考这样一次测量结果的意义的“不含糊的”概念都只属于经典力学领域。因此，根本就不能谈论什么由一次测量所引起的“干扰”，因为首先，假定在量子领域中可能存在被干扰的东西，那是根本没有意义的。

现在可以清楚地看到，爱因斯坦-罗森-波多尔斯基佯谬不会产生；因为某种实际存在着的分子（它原先是个复合体，后来“分裂”了，并受到“自旋测量”装置的“干扰”）的观念也是没有意义的。这样的观念应被看成只不过是用来描述整个实验装置的形象化的术语，我们用这套装置观测某些一对对相关的经典事件（例如，两个平行地放在“分子”的相反面的“自旋测量”装置总是记录下相反的结果）。

只要我们局限于用这种方式计算成对事件的概率，那么我们就不会得到任何类似于上面所述的佯谬。在这样一次计算中，波函数应被看成是一种数学符号，只要按一定的规则对它进行运算，
97 我们就能算出经典事件之间的正确关系，但是它别无任何意义。

现在很明显，玻尔的观点必然使得我们把量子理论的非决定论特征解释为代表着不可约无规律性。因为，由于作为一个整体的实验装置的不可分性，在这个概念框架中没有为比海森伯关系所容许的更准确、更详细的因果关系留有余地。于是，这种非决定论特征作为在单个宏观现象的细致性质中的一种不可约的无规涨落揭示着自身，然而，这种涨落仍然满足量子理论的统计律。因此，玻尔对隐变量的否决是以根本修正关于物理理论所设想意义的观念为基础的，而这种修正又是来自于他赋予量子不可分性的基本作用。

4.6　量子理论的隐变量初步解释

在本节中，我们将扼要介绍对于量子理论作出一种特定的含有隐变量的新解释的某些倡议的大致轮廓。我们必须在一开始就强调，这些倡议在形式上只是初步的。它们的主要目的有二：第一，以相对具体的语词指出我们对反对隐变量的各种论据（总结在前几节中）所作答复的意义；第二，为本章以后几节中所讨论的理论的更进一步和更详细的发展提供一个确定的出发点。

我首次系统地建议对量子理论作隐变量解释①。随后，这个新
解释以德布罗意原先提出的某些想法②的一种推广和完善化为基 98
础，在作者和维吉耶（Vigier）共同工作③中得到了进一步的发展。经过另外的一些发展之后，它的最后形式的要点可小结如下④：

1. 假定波函数 Ψ 代表一个客观真实的场，而不只是一个数学符号。

2. 我们假设除了场之外还存在一个粒子，这个粒子在数学上用一组永远完全确定并以一定的方式变化着的坐标来表示。

3. 我们假定这个粒子的速度为

$$\vec{v}=\frac{\nabla S}{m} \tag{1}$$

① D. Bohm, *Phys. Rev.*, vol. 85, 1952, pp. 166, 180.

② L. de Broglie, *Compt. rend.*, vol. 183, 1926, p. 447 and vol. 185, 1927, p. 380; *Revolution in Modern Physics*, Routledge & Kegan Paul, London, 1954.

③ D. Bohm and J. V. Vigier, *Phys. Rev.*, vol. 96, 1954, p. 208.

④ 更详细的论述参阅 Bohm, *Causality and Chance in Modern Physics*, ch. 4。

其中 m 为粒子的质量，S 是一个位相函数，它是由把波函数写成 $\Psi = R\mathrm{e}^{\mathrm{i}S/\hbar}$ 而得到的（R 和 S 是实数）。

4. 我们假设，作用在粒子上的不仅有一经典势 $V(x)$，而且还有一额外的“量子势”

$$U = -\frac{\hbar^2}{2m}\frac{\nabla^2 R}{R}。\tag{2}$$

5. 最后，我们假定 Ψ 场实际上处于非常急速的无规和混沌的涨落状态之中，使得量子理论中所用到的 Ψ 值是对特定时间间隔 τ 的一种平均。（这个时间间隔必定远远大于上述涨落的平均周期，但小于量子力学过程的平均周期。）可以认为 Ψ 场的涨落来自
99 一个更深的亚量子力学层次，大致就像一滴微小液滴的布朗运动中的涨落来自一个更深的原子层次一样。于是，正如牛顿定律确定了这样一滴微小液滴的平均行为，薛定谔方程确定的是 Ψ 场的平均行为。

以上述假定为基础，现在能够证明一套重要定理。因为，如果 Ψ 场是涨落着的，那么方程(1)就意味着：相应的涨落将通过涨落着的量子势(2)传给粒子的运动。这样一来，粒子不会遵循一条完全规则的轨道，而是将具有一条类似于一般的布朗运动粒子所显示的径迹。粒子在这条径迹上具有某个平均速度，它由方程(1)对特征时间 τ 内所发生的场的涨落取平均给出。然后，以关于涨落的某些非常一般的和合理的假设为基础（这将在别的地方①详细讨论），便能证明：粒子在其无规运动中，在单位体积 $\mathrm{d}V$ 内逗留的

① D. Bohm and J. V. Vigier, *Phys. Rev.*, vol. 96, 1954, p. 208; Bohm, *Causality and Chance in Modern Physics*.

平均时间比率为

$$P = |\Psi|^2 \mathrm{d}V。\tag{3}$$

于是，把 Ψ 场主要解释为通过方程(1)确定运动以及通过方程(2)确定“量子势”。而它也确定概率密度的通常表达式这一事实则是关于 Ψ 场涨落具有某种无规性的假设的结果。

现已证明[①]：上述理论所预测的物理结果与量子理论的通常解释所预测的物理结果完全相同。但是，它是用关于存在更深一级的个体定律的一些极不相同的假设而作出这些预测的。

为了说明两种观点之间的本质区别，让我们考虑一个干涉实验，在这实验中一些动量确定的电子投射在一个光栅上。于是，与
电子相关的波函数 Ψ 被光栅衍射到一些相对确定的方向，而人们 100
从通过系统的电子统计系综得到一个相应的“干涉图样”。

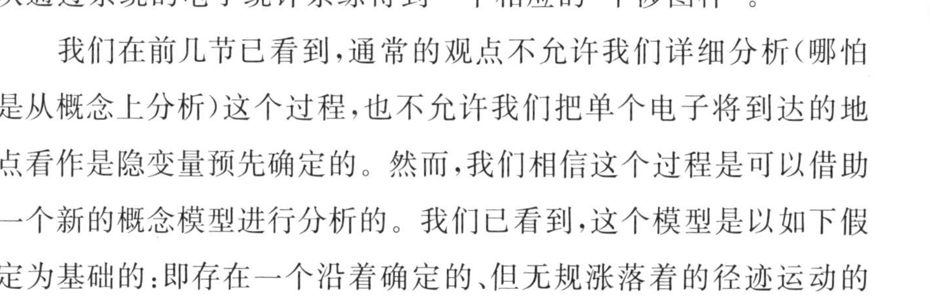

我们在前几节已看到，通常的观点不允许我们详细分析(哪怕是从概念上分析)这个过程，也不允许我们把单个电子将到达的地点看作是隐变量预先确定的。然而，我们相信这个过程是可以借助一个新的概念模型进行分析的。我们已看到，这个模型是以如下假定为基础的：即存在一个沿着确定的、但无规涨落着的径迹运动的粒子，这个粒子的行为强烈地依赖客观真实的并且无规涨落着的 Ψ 场，Ψ 场的平均值满足薛定谔方程。Ψ 场通过光栅时发生衍射，大致与别的场(如电磁场)发生衍射的情况一样。因此，在 Ψ 场的后期场强中将出现一个干涉图样，这个干涉图样反映着光栅的结构。但是 Ψ 场的行为也反映着亚量子层次上的隐变量，这些隐变

① Bohm, *Phys. Rev.*, vol. 85, 1952, pp. 166, 180; Bohm and Vigier，在前面所引用的书中；Bohm, *Causality and Chance in Modern Physics*.

量决定了 Ψ 场围绕其平均值(由解薛定谔方程获得)的涨落的细节。因此,每个粒子将到达的地点,原则上最终由许多因素综合决定,这些因素包括粒子的初位置、粒子的 Ψ 场的初始形式、由光栅引起的 Ψ 场的规则变化以及起源于亚量子层次的 Ψ 场的无规变化。已经证明①,在平均初始波函数相同的统计系综中,Ψ 场的涨落将会产生和量子理论的通常解释中所预测的完全一样的干涉图样。

在这点上,我们必定要问:我们怎样能获得与冯·诺伊曼导出的结论(见 4.2 节)相反的结果?答案是,在冯·诺伊曼论据背后
101 有一个不必要的限制性假定,这假定就是:到达光栅上某给定位置 x(由隐变量预先决定)的粒子必定属于一个子系综,这个子系综的统计性质与其位置已实际测出为 x 的系综(因而它们的波函数都是相应位置的 δ 函数)所具有的统计性质相同。但是,众所周知,如果在电子通过光栅时测量每个电子的位置,那么就不会获得干涉现象。(这是因为,测量所引起的干扰把系统分成由 δ 函数所代表的互不干涉的系综,这在 4.2 节已讨论过。)由此可见,冯·诺伊曼的论证方法等价于一个隐含的假定,即任何预先确定 x 的因素(诸如隐变量)必定会破坏干涉现象,就像对坐标 x 的一次测量会破坏干涉现象一样。

我们的理论模型则摆脱了上述隐含假定,因为我们一开始就承认电子具有的性质要比用量子理论的所谓"可观测量"所能描述的更多。例如,我们已看到,它有一个位置、一个动量、一个波场 Ψ 以及亚量子涨落,所有这些共同确定每一单个系统随着时间而

① D. Bohm and J. V. Vigier, *Phys. Rev.*, vol. 96, 1954, p. 208.

变化的细致行为。这样一来，这种理论内部就留有余地，可以描述下面两个实验的区别：一个实验是电子通过光栅但不受别的什么东西的干扰；另一个实验是电子被一个测量位置的仪器干扰。这两种实验条件会导致完全不同的 Ψ 场，即使在这两种情况中粒子是投射到光栅的同一位置上的。因此，电子后继行为的差异（即在一种情况下有干涉现象，而在另一种情况下没有干涉现象）乃是遵循两种情形中不同的 Ψ 场所致。

总而言之，我们无需把自己限定在冯·诺伊曼的子系综只应 102
该按照量子力学的“可观测量”的值来分类的假定上。相反，这种分类必定也包含一些现时还“隐藏着的”更内在的性质。这些性质后来影响着系统的可直接观测的行为（如同我们讨论过的例子那样）。

最后，我们可以用类似的方法去研究怎样用我们对量子理论的新解释处理其他一些特征性问题（如海森伯不确定关系、爱因斯坦-罗森-波多尔斯基佯谬）。事实上，这已经比较详细地研究过了[①]。不过，我们将等到我们发展了一些补充概念之后再来讨论这些问题，因为这会使我们以比以前更简单和更清楚的方式来处理这些问题。

4.7　对我们的量子理论的隐变量初步解释的批评

前节所讨论的量子理论新解释受到了若干严厉的批评。

① Bohm, *Phys. Rev.*, vol. 85, 1952, pp. 166, 180; Bohm and Vigier，在前面所引用的书中；Bohm, *Causality and Chance in Modern Physics*.

首先必须承认,“量子势”概念完全不是一个令人满意的概念。因为,不仅所提出的形式 $U=-(\hbar^2/2m)(\nabla^2 R/R)$ 是相当奇怪和任意的,而且它没有可以看到的源(不像电磁场等其他场那样)。这种批评并不是说这种理论在逻辑上没有一个自洽的结构,而只是抨击理论的物理似真性(plausibility)。虽然如此,我们显然不能满足于在一个定型的理论中接受这样一种位势。相反,我们应该认为它充其量是某种更似真的物理理念(我们希望,当我们以后进一步发展这种理论时,能得出这一理念)的粗略表示。

其次,在多体问题上,我们引入了一个多维的 Ψ 场 $[\Psi(x_1,$

103 $x_2,\cdots,x_n,\cdots,x_N)]$ 和一个对应的多维量子势

$$U=-\frac{\hbar^2}{2m}\sum_{i=1}^{N}\frac{\nabla_i^2 R}{R},$$

其中 $\Psi=Re^{iS/\hbar}$,与单体情况相同。于是每个粒子的动量为

$$P_i=\frac{\partial S(x_1,x_2,\cdots,x_n,\cdots,x_N)}{\partial x_i} \tag{4}$$

所有这些概念在逻辑上是完全一致的。但是必须承认,从物理观点来理解它们是困难的。它们最好被看作是以后得到的一些更似真的物理理念的某些特点的粗略的或初步的表示,就像量子势那样。

第三种批评是:涨落着的 Ψ 场和粒子坐标的精确值是没有真实的物理内容的。建立隐变量理论的方式,正是使任何一种测量的可观测的宏观结果与流行的量子理论所预测的结果完全一样。换句话说,人们不能根据实验结果找不到隐变量存在的证据,这个理论也不能使隐变量的定义永远足以对任何一个结果作出比流行的量子理论更加精确的预测。

必须从两方面来回答这个批评。首先应该记住，在这理论提出之前，普遍存在这样一个印象：根本没有任何隐变量概念（哪怕是抽象的和假说性的隐变量概念）能够与量子理论相一致。事实 104
上，证明这一概念的不可能性就是冯·诺伊曼定理的基本目的。于是，在量子理论的通常解释一般所取的表述形式的某些方面，这个问题在很大程度上已经以一种抽象的方式提出来了。因此，为了表明只是因为隐变量甚至不能想象就抛弃它们这样一种做法是错误的，只要提出一个逻辑上一致的、用隐变量来说明量子力学的理论就够了，不论这种理论是多么抽象的和假说性的。因此，哪怕是存在一个简单的这种一致理论，就表明，不论人们还继续用什么论据来反对隐变量，他再也不能用它们是不可想象的这一论据了。当然，就一般物理理由来看，我们提出的这一特定的理论是不能令人满意的。但是，如果这样一个理论是可能的，那么别的更好的理论也会是可能的。这一论证的含义自然就是“为什么不试一试去找到它们呢？”

其次，为了充分地回答认为隐变量概念是纯假说性的这一批评，我们应注意到：这理论的逻辑结构留有这样的可能性，即能够对它加以修改，使得其实验内容不再与目前的量子力学完全等同。结果，隐变量的细节（如 Ψ 场和粒子位置的涨落）将能够在现有量子理论的表述形式所不能预测的实验结果中展现出来。

关于这一点，人们也许可以提出这样的问题：这样的新结果是否有可能存在。毕竟，量子理论的一般构架不是已经与一切已知的实验结果都一致了吗？如果是这样，怎么可能有别的结果呢？

105 为了回答这个问题，我们首先指出，即使在已知的实验当中，没有一个是流行的量子理论构架所不能令人满意地处理的，但总还是有可能存在不符合这一构架的新的实验结果。一切实验都必然是在有限领域内进行的，并且即使在这领域内也只是做到有限的近似程度。因此，从逻辑上说，总存在有这样的可能性：若在新领域内和新的近似程度上进行实验，将会得到一些不完全符合流行的量子理论构架的结果。

物理学经常是按上述方式发展的。例如，原先被认为是完全普适的牛顿力学，最终被发现只在有限领域内（速度远小于光速时）并且只在有限的近似程度上才有效。牛顿力学不得不让位给相对论，相对论中所用的关于空间和时间的基本概念在许多方面是与牛顿力学的相应概念不一致的。由此可见，在某些本质特征上，新理论与旧理论有着质的和基本的差别。虽然如此，在低速领域内新理论把旧理论作为极限而趋近于旧理论。与此类似，经典力学最终让位给量子理论，后者的基本结构是与前者极为不同的，但是它仍然包含着作为一个在大量子数的领域中近似有效的极限情形的经典力学。因此，某一给定理论在一个有限领域内和有限的近似程度上与实验相一致，显然不能证明该理论的基本概念具有完全的普遍有效性。

从上述讨论中我们看到，实验证据本身总是为隐变量理论敞开着可能性，这理论在新的领域内（甚至在旧领域内当近似程度足
106 够高时）会得出不同于量子理论的结果。然而，关于在哪些领域中可以期望新的结果以及这些结果在哪些方面应当是新的这些问题，我们现在必须有一些更确定的理念。

这里，我们可以希望，通过考察流行理论并不总是给出令人满意的结果的领域（即与极高能量和极短距离有关的领域），能够得到一些线索。对于这些问题，我们首先注意到，现在的相对论量子场论遇到了严重困难，这些困难引起了对该理论内部自洽性的重大怀疑。这些困难的出现与计算各种粒子和场的相互作用的效应所得到的发散结果（无穷大的结果）有关。诚然，对于电磁场相互作用的特殊情形，利用所谓“重正化”（renormalization）方法可以在一定程度上避免这些发散。然而，绝对无法表明，可以把重正化方法置于一个可靠的逻辑数学基础上[①]。此外，对介子相互作用和其他相互作用，即使不管它的逻辑论证问题，只把重正化方法看作是数学符号纯粹的技术计算，重整化方法的效果也并不好。虽然现在还没有最后证明，上述无穷大是相对论量子场论的本质特征，但已经有相当多的证据支持这一结论[②]。

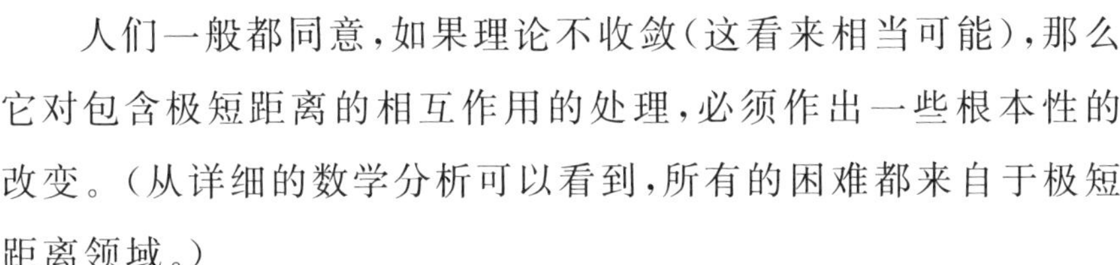

人们一般都同意，如果理论不收敛（这看来相当可能），那么它对包含极短距离的相互作用的处理，必须作出一些根本性的改变。（从详细的数学分析可以看到，所有的困难都来自于极短距离领域。）

量子理论的通常解释的绝大多数倡议者并不否认，流行理论似乎必需作这样的一个根本变革。事实上，他们当中有些人，包括海森伯在内，甚至准备在这样的极短距离内完全放弃我们的可确 107

① C. Kallen, *Physica*, vol. 19, 1953, p. 850; *Kgl Danske Videnskab. Selskab, Mat-fys. Medd.*, vol. 27, no. 12, 1953; *Nuovo Cimento*, vol. 12, 1954, p. 217; A. S. Wightman, *Phys. Rev.*, vol. 98, 1955, p. 812; L. van Hove, *Physica*, vol. 18, 1952, p. 145.

② Ibid., p. 145.

定的空间和时间观念；与此同时，有些物理学家也已考虑对别的原理（如相对性原理）作比较根本的改变（与非定域场的理论有关）。但是，似乎却存在一种普遍的印象，认为量子力学的原理几乎肯定不需作实质的改变。换句话说，人们认为，不管物理理论发生什么根本性的变化，这些变化只能建立在流行的量子理论的原理的基础上，也许还会充实和推广这些原理，因为使它们有了更新和更广的应用范围。

我可从来没有找到什么牢靠的理由，可以解释为什么对量子理论的流行形式的普遍原理会信任到如此程度。有几个物理学家[①]认为，20 世纪的潮流是背离决定论的，倒退回去不太可能。然而，这只是一种在任何一个时期对一直是成功的理论都能够作出的推测（比方说，19 世纪的经典物理学家们可以有同等的理由主张，时代的潮流是越来越倾向于决定论，但后来发生的事件却证明这个推测错了）。还有一些人对非决定论显示了一种心理上的偏爱。但是，这很可能只是由于他们已经习惯于这种理论的结果。19 世纪的经典物理学家们肯定对决定论会表示一个同等强烈的心理偏爱。

最后，有着这样一种流传甚广的看法，认为我们所提出的发展一个在实验内容上与量子理论的确有所不同，但在量子理论已知是基本正确的领域内则仍与量子理论一致的隐变量理论的计划实
108 际上是不可能实现的。尤其是玻尔，他就抱有这样的观点，他对这个理论能够处理作用量子的不可分性这一问题的一切重要方面表

① 私人通信。

示特别强烈的怀疑①。但是这一论据成立与否取决于是否真正能够提出上述那种类型的另一个理论来。在以下几节中，我们将会看到上面这种看法并不是很可靠的。

4.8　建立更详细的隐变量理论的步骤

由前一节的讨论可清楚地看到，我们的中心任务是发展一种新的隐变量理论。这个理论在基本概念和一般实验内容两个方面都应非常不同于流行的量子理论，但在流行的量子理论业已被证实的领域内和实际上已进行过的测量的近似程度上，这个理论又能够产生出与流行的量子理论实质上相同的结果。于是，用实验来判别这两种理论的可能性就将出现在新领域内（如极短距离）或在旧领域所进行的更精密的测量之中。

我们的基本出发点是试图提出一个更具体的物理理论，这理论能导出像我们在初步解释（4.6 节）中讨论过的那些理念。在提出这种理论时，我们首先必须记住，我们已经把非决定性看作是物质的一种真实的客观性质，不过它与特定的有限境况（在当前情形中是量子力学层次的变量的境况）有关。我们假设，在一个更深的亚量子层次上，存在有一些补充的变量，它们更详细地决定单个亚量子力学测量结果的涨落。

关于这些更深的亚量子力学变量的本性，现有的物理理论是否为我们提供了一些暗示呢？为了在我们的探索中有所依据，我 109

① 私人通信。

们可以先考虑流行的量子理论发展得最充分的形式，即相对论量子场论。根据流行的量子理论的原理，实质的是，每一个场算符 ϕ_μ 是一个准确确定的点 x 的函数，而一切相互作用应是同一点的各种场之间的作用。这导致我们用不可数的无穷个场变量来表述我们的理论。

当然，即使在经典理论中也必须作这样一种表述。但是，在经典物理学中，可以假设场是连续变化的。结果，人们可以有效地把变量的数目减少为可数的一组（比方说，场在很小的区域内的平均值），这主要是因为场在很短距离内的变化小得可以被忽略。然而，简单的计算表明，在量子理论中则不可能这样，因为人们所考虑的距离越短，则与真空的“零点能”相关的量子涨落就越剧烈。事实上，这些涨落是如此之大，使得场算符是位置（与时间）的连续函数的这一假定在严格的意义上不再成立。

甚至在通常的量子理论中，不可数的无穷多个场变量的问题也提出了几个迄今尚未解决的根本性的数学困难。因此，习惯上都是这样来进行场论计算的：从关于“真空”态的某些假定出发，然后再应用微扰论。但是，在原则上，可以有无数种关于真空态的极为不同的假定，包括对场变量的一组完全不连续的函数指定确定的值，这些函数稠密地“充满”空间，但仍留下一组稠密的“空穴”。这些新的态不可能通过任何正则变换从原来的“真空”态得到①。
110 因此，它们所导出的理论在物理内容上一般与那些从原来的出发点所得到的理论不同。由于场论结果中的发散，甚至现行的重整

① Van Hove，在前面所引用的书中；私人通信。

化方法也完全可能包含有这样一个“无限差异的”真空态。但更重要的是，我们必须要强调指出：一组不可数的无穷个变量的一次改组通常会导致一个不同的理论，而这样一次改组的原则就等价于关于相应的新的自然定律的基本假定。

迄今为止，我们上面只限于讨论在流行量子理论的构架内一组不可数的无穷个变量的一次改组所产生的效果。但是，即使对含有不可数的无穷个变量的经典理论，结论也是同样的。因此，我们一旦放弃经典场的连续性的假定，那么我们会看到：在这样一次改组中也会得到一个不同的经典理论，恰如量子理论的情形一样。

现在我们要自问：是否有这样的可能，把一个经典场论加以改组使得它与现代量子场论等价（至少在某种近似程度和某一领域内）？为了回答这个问题，我们显然必须从所假定的不可数的无穷个“经典”场变量的基本“决定性的”定律，重新得出量子过程的涨落、量子的不可分性以及其他一些实质性的量子力学的性质（诸如干涉现象、与爱因斯坦-罗森-波多尔斯基佯谬有关的相关性）。在以下各节中，我们要讨论的正是这些问题。

4.9　量子涨落的处理

我们首先来假设某种“决定论性的”场论。对于我们这里的目的，这个场论的精确特征并不重要。重要的是假定它有如下性质：

1. 有一组场方程，它完全决定场随时间的变化。

2. 这些场方程有足够强的非线性，足以保证波动的 切分量之间有显著的耦合，因此（除了或许在某些近似中）方程的解不能线性叠加。

3. 即使在“真空”中，场也被高度激发，致使在每一个区域（不论它是多么小）中的平均场都明显地涨落着，并带有一种湍动，这湍动将导致涨落中高度的无规性。这种激发保证了场在小区域中的不连续性。

4. 我们通常称之为“粒子”的东西是在这种真空的背景之上的相对稳定和守恒的激发。这些粒子将在宏观层次上被记录下来，但宏观层次的一切仪器只是对场的那些持续一段长时间的特性才敏感，而对那些涨落很快的特性则不敏感。因此，“真空”在宏观层次不会产生可察觉的效应，因为它的场平均起来会自动抵消，而对每一个宏观过程，空间实际上可以看成是“空的”（就像一个完好的晶格对一个处于最低能带的电子来说实际上也是“空的”，虽然空间充满着原子）。

显然，无法直接求解这样一组场方程。唯一的可能性是试图处理某种平均场量（在很小空间和时间区域内取平均）。一般说来，我们可以希望，至少在某种近似程度内，一组这样的平均将会确定它们自身，而与该空间区域内无限复杂的涨落无关①。只要发生这种情况，我们就可以得到与一定尺度相联系的近似的场定律。但是这些定律不可能是准确的，这是因为，由于场方程的非线性，这些平均场必然以某种方式与被忽略的内部涨落相耦合。结果，平均场也会围绕它们的平均行为无规地涨落。将会有一个平

① 当人们处理包含大量相互作用粒子的聚集体的宏观性质时，会得到类似的结果。人们会得集体性质（如振荡），这些性质几乎独立于粒子的运动。参阅 D. Bohm and D. Pines, *Phys. Rev.*, vol. 85, 1953, p. 338 and vol. 92, 1953, p. 609。

均场的涨落的典型领域，它由被忽略的更深层次的场运动的特征 112 确定。与一个粒子作布朗运动的情形一样，这个涨落将确定一个概率分布

$$dP = P\ (\phi_1, \phi_2, \cdots, \phi_k, \cdots)\ d\phi_1 d\phi_2 \cdots d\phi_k \cdots \qquad (5)$$

它给出了分别代表区域 1，2，…，k，…中的平均场的变量 ϕ_1，ϕ_2，…，ϕ_k…处于区间 $d\phi_1 d\phi_2 \cdots d\phi_k$ 内的平均概率（注意 P 一般是一个多维函数，它能描述场分布中的统计相关性）。

总之，我们正在改组不可数的无穷个场变量，并且只明确地处理这些被改组的坐标的某些可数集。我们是通过定义一系列不同层次的平均场来做到这一点的，每一层次的平均场与取平均的一定大小相联系。这样一种处理方法只有在下述情形中才是正确的：变量的可数集形成一个整体，它在一定的限度内决定着自己的运动，而与必然被遗漏未考虑的不可数的无穷个坐标的精确细节无关。然而，这种自决（self-determination）永远不会是完全的；其基本界限由某一极小限度的涨落所确定，这一涨落的领域依赖于所讨论的场坐标与被忽略的那些场坐标的耦合。这样一来，我们就得到对某一层次上的自决程度的一个真实且客观的限制，同时也得到一个概率函数，这个概率函数代表产生上述对自决的限制的统计涨落的特征。

4.10　海森伯不确定性原理 113

现在，我们来证明海森伯不确定性原理是怎样符合我们的一般方案的。我们将通过讨论和一个空间平均场坐标 ϕ_k 及对应的

平均正则共轭场动量 π_k 相关的决定性程度，来说明这一点。

为使讨论简单起见，让我们假设，正则动量与场坐标的时间导数 $\frac{\partial \phi_k}{\partial t}$ 成正比[许多场(像电磁场、介子场等)都是如此]。但是，每一个这样的场坐标都无规地涨落着。这意味着它们的瞬时时间导数是无穷大(粒子作布朗运动的情形中也发生这一情况)。因此，没有严格的办法来定义这样一个瞬时时间导数，我们只得讨论场在一个很短的时间间隔内的平均变化(正如我们也只得取场在一空间区域内的平均一样)。于是，场动量在这段时间间隔内的平均值为

$$\bar{\pi}_k = a\left(\frac{\Delta \phi_k}{\Delta t}\right) \tag{6}$$

其中 a 是比例常数。

如果场是无规涨落的，那么根据无规性的定义，场在时间 Δt 内涨落的范围为

$$\overline{(\delta \phi_k)^2} = b\Delta t$$

或

$$|\delta \phi_k| = b^{1/2}(\Delta t)^{1/2} \tag{7}$$

其中 b 是与场的无规涨落的平均大小有关的另一比例常数。

当然，场涨落的精确方式是由无数个未予考虑的更深层次场
114 变量确定的。但在所讨论的层次的范围内，并没有什么东西确定这种精确行为。换句话说，在对同一时间间隔取平均的各种场量的层次内，$|\delta \phi_k|$ 代表着 ϕ_k 的最大的可能确定程度。

从定义(6)我们看到，π_k 也做无规涨落，其涨落范围为

$$\delta\pi_k=\frac{a\,|\delta\phi_k|}{\Delta t}=\frac{ab^{1/2}}{(\Delta t)^{1/2}}\text{。}\tag{8}$$

把方程(8)与(7)相乘,就得到

$$\delta\pi_k\delta\phi_k=ab\text{。}\tag{9}$$

这样,π_k 的最大精确程度与 ϕ_k 的最大精确程度之积是一个与时间间隔 Δt 无关的常数 ab。

一眼就可看出,上述结果与海森伯原理[①] $\delta p\delta q\geqslant h$ 极其相似。方程(9)中的常数 ab 起着普朗克常量 h 在海森伯原理中所起的作用。因此,h 的普遍性意味着 ab 的普遍性。

然而,a 只是一个联系场的动量与其时间导数的常数,它显然是一个普适常数。常数 b 代表无规涨落的基本强度。假设 b 是一个普适常数,就等于假定场的无规涨落在一切地点、一切时间以及一切大小层次内的特征实质相同。

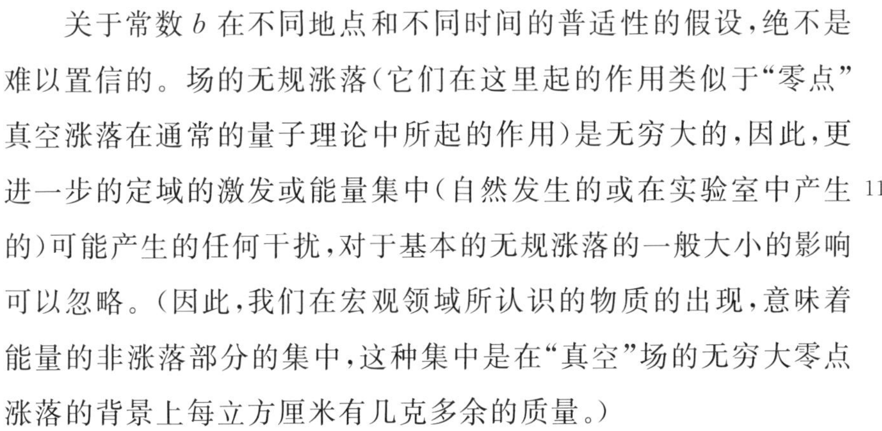

关于常数 b 在不同地点和不同时间的普适性的假设,绝不是难以置信的。场的无规涨落(它们在这里起的作用类似于“零点”真空涨落在通常的量子理论中所起的作用)是无穷大的,因此,更
进一步的定域的激发或能量集中(自然发生的或在实验室中产生 115
的)可能产生的任何干扰,对于基本的无规涨落的一般大小的影响可以忽略。(因此,我们在宏观领域所认识的物质的出现,意味着能量的非涨落部分的集中,这种集中是在“真空”场的无穷大零点涨落的背景上每立方厘米有几克多余的质量。)

然而,对于不同的空间层次和时间间隔来说,b 的普适性假设

① 这一类比首先是由菲尔特(Fürth)在论述粒子的布朗运动时提出来的。参阅 Bohm,*Causality and Chance in Modern Physics*,ch. 4。

就不是那么没有疑问了。例如，很可能，对于在越来越短的时间间隔取平均的平均场，量 b 只是在某一特征时间间隔 Δt_0 以上才仍保持为常数，越过这个时间间隔，量 b 是可以改变的。这等价于下述可能性：对于很短的时间间隔（以及相应的很短距离），自决的程度可以不受普朗克常量 h 的限制。

要提出一种具有上述特征的理论是很容易的。例如，假设场的“零点”涨落处在对应于一个极高温度 T 的统计平衡之中。根据均分定理，每自由度的能量平均涨落之数量级为 κT。但是这个平均能量又与 $(\partial\phi/\partial t)^2$ 的平均成正比（例如在一组谐振子中就是这样）。于是，我们有：

$$\alpha\overline{\left(\frac{\partial\phi}{\partial t}\right)^2}=\kappa T=\frac{\alpha}{b^2}\overline{(\pi)^2} \tag{10}$$

其中 κ 是玻尔兹曼常量，a 是一适当的比例常数。

因此，如果使方程(8)中的时间间隔 Δt 越来越小，那么就不
116 可能使 $(\pi)^2$ 像在方程(8)和(9)所意谓的那样无限地增加。相反，$(\pi)^2$ 在某一临界时间间隔上就不再增加了，此时间间隔由下式确定：

$$\kappa T=\frac{\alpha}{b^2}\frac{a^2 b}{(\Delta t_0)^2};$$

或

$$(\Delta t_0)^2=\frac{\alpha a^2}{b\kappa T}。 \tag{11}$$

对于更短的时间间隔（和相应的短距离），平均场的自决程度将不受海森伯关系的精确限制，而是受一组更弱的关系的限制。

这样，我们就构建了一种理论，它把海森伯关系作为一个极限

情形，后者只对就一定大小的空间和时间间隔取平均的平均场才近似成立。可是，在更小的间隔内取平均的平均场，其自决的程度要比海森伯原理所允许的更高。据此，我们的新理论至少重新得出（至少在实质上）量子理论的本质特征之一（即海森伯原理），而在新的层次上仍有不同的内容。

我们的理论的这种新内容在实验中怎么才能显露出来，将在以后各节中讨论。现在，我们仅限于指出：现今场论的各种发散，直接就是与无限小的距离和时间有关的各种量子涨落对能量、电荷等的贡献的结果。我们的观点使我们可以假定：虽然总的涨落仍为无穷大，但每一自由度的涨落，当考虑的时间越来越短时，则不再无限地增加。这样，就可以使场论计算给出有限的结果。由此可以清楚地看出，流行量子场论的发散可能是由于把这一理论的基本原理外推到过分小的空间和时间间隔的结果。

4.11　量子过程的不可分性 117

我们其次一步是表明，量子化（即作用量子的不可分性）是如何适应我们关于一个亚量子力学层次的观念的。为此目的，我们先来更详细地考虑怎样定义场的各种平均（它们是处理不可数的变量所必需的）。这里，我们将利用非常类似的多体问题（即通过原子粒子来分析固体、液体、等离子体等）中所得到的某些结果作为我们的指南。在多体问题中，我们同样需要处理更深的（原子层次的）变量的某些平均。这样一组平均的总体在某种近似程度上是自决的，但其细节则受制于来自更低的（原子）层次运动的特征领域的无规涨落，与前几节所设想的不可数的无限个场变量的平均的情况非常相似。

在多体问题中，人们是利用集体坐标(collective coordinates)来处理宏观行为的[①]，这些集体坐标是粒子变量的一组近似自决的对称函数，它们代表着运动的某些总体性质(如振动)。这些集体运动由一些近似的运动常量(constants of the motion)确定(在它们的无规涨落的特征领域内)。对于集体坐标描述近简谐振动这一相当普遍的具体情形而言，运动常量就是各个振动的振幅和初位相。然而，更一般说来，运动常量的形式可以是集体坐标的更复杂的函数。

利用正则变换来解集体坐标常常是很有启发性的。在经典力学中[②]，正则变换的形式是：

 118

$$P_k = \frac{\partial S}{\partial q_k}(q_1, \cdots, q_k, \cdots, J_1, \cdots, J_n, \cdots)$$

$$Q_n = \frac{\partial S}{\partial J_n}(q_1, \cdots, q_k, \cdots, J_1, \cdots, J_n, \cdots) \tag{12}$$

其中 S 是变换函数，p_k 和 q_k 是粒子的动量和坐标，而 J_n 和 Q_n 是集体自由度的动量和坐标。在这里，我们假设 J_n 是运动常量。换句话说，我们假设变换是这样的，至少在集体坐标是一个良好近似的领域内，哈密顿函数只是 J_n 的函数而不是 Q_n 的函数。这时可得 Q_n 随时间线性增加[因此它们具有所谓“角变量”(angle-var-

① Bohm and Pines，在前面所引用的书中。

② M. Born，*Mechanics of the Atom*，Bell，London，1927；H. Goldstein，*Classical Mechanics*，Addison-Wesley，Cambridge，Mass.，1953.

iables)的性质①]。

很清楚,对于相互有非线性耦合的不可数的无穷个场变量的问题,可以作类似的处理。为此,我们令 q_k、p_k 代表原始的一组正则共轭场变量,并假定存在一组总体的宏观运动,这些运动我们用一些运动常量 J_n 和正则共轭角变量 Q_n 来表示。显然,如果这样的总体运动存在,那么它们将在较高层次的相互作用中显示出来。因为根据假设,这种运动要在一段长时间内保持它们的特征,在无限急速的无规涨落中是不会失去这些特征的;而这些无规涨落在较高的层次中则平均为零。

我们下一步的任务是要表明,各个运动常量(对谐振子来说,这些运动常量各正比于一个宏观集体自由度的能量)按照规则 $J=nh$ 被量子化,式中 n 是整数,h 是普朗克常量。这样一种论证将会是对波粒二象性的一种说明,因为业已知道集体自由度是一种具有简谐振幅的似波运动。一般说来,这些波的形式为定域的波包。如果这些波包具有分立的和完全确定的能量、动量以及其他一些性质,那么它们在更高的层次上将会再现粒子的一切本质特征。然而,它们还有内禀的波动,这些波动只有在存在有能够明显地反映这些精细细节的系统的条件下,才会显露出来。

为了说明上述运动常量的量子化,我们先回到 4.6 节和 4.7 节中给出的对量子理论的初步解释上来。这里,我们遇到一个与方程(12)极相似的关系,即

$$P_k=\frac{\partial S}{\partial q_k}(q_1,\cdots,q_k,\cdots)\quad。\tag{13}$$

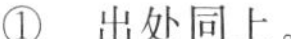

① 出处同上。

方程(4)和(12)的主要区别是，前者不含任何运动常量，而后者却包含运动常量。但是，一旦运动常量指定之后，它们就只是一些数，只要给这些数以一定值，它们以后就保持这些值。如果这些值已经给定，那么，方程(12)中也就不再含有明显表示变量的 J_n 了。因此，我们可以把我们的初步解释中的 S[(4)式]看作是实际的 S 函数，不过其中的运动常量已确定。于是，S 是由波函数 $\Psi=Re^{iS/\hbar}$ 确定。因此，当我们给定一个波函数，我们就定义了一个变换函数 $S=\hbar I_m(\ln\Psi)$，它随后暗含地决定了一些运动常量。

为了更清楚地看到运动常量是怎样被方程(4)的 S 确定的，让我们做出相积分(phase integral)

$$I_c=\sum_k\oint Cp_k\delta q_k\ 。\tag{14}$$

120 积分是沿系统的相空间中代表一组位移 δq_k（虚位移或实位移）的某一回路 C 取的。如果运用方程(13)，我们就得到：

$$I_c=\oint\sum_k\frac{\partial S}{\partial q_k}\delta q_k=\delta S_c\tag{15}$$

式中 δS_c 是 S 绕回路一周的变化量。

众所周知，I_c[即经典力学中所谓的“作用变量”(action variables)]一般代表运动常量。(例如，在一系列简谐或非简谐振子的情形中，各个基本的运动常量可以通过取适当的回路计算 I_c 而得到①。)因此，确定一定 S 函数的波函数 Ψ，也就暗含了一组相应的运动常量。

但是，按照流行的量子理论，波函数 $\Psi=Re^{iS/\hbar}$ 是其一切动力

① Born，在前面所引用的书中。

学坐标的单值函数。因此我们必定有：

$$\delta S_c = 2n\pi\hbar = nh \tag{16}$$

式中 n 是一个整数。

因此，从波函数 Ψ 所得到的实际的函数 S 就意味着：系统的基本运动常量是分立的和量子化的。

如果整数 n 不为零，那么简单的计算表明：在回路内某处必存在间断点。但是，由于 $S = \hbar I_m(\ln\Psi)$ 以及 Ψ 是连续函数，故 S 的间断点一般出现在 Ψ（因而 R^2）为零的地方。我们即将看到，R^2 是系统处于相空间中某一点的概率密度。因此，系统在 Ψ 为 121
零的地方没有出现概率，其结果是，S 的奇异性不会在理论中造成不一致。

上述量子化在许多方面类似于旧的玻尔-索末菲定则（Bohr-Sommerfeld rule），然而其意义是根本不同的。在这里，被量子化的作用变量 I_c 不是在方程（14）中利用 p_k 的简单的经典力学表达式而得到的。相反，它是用利用表达式（12）而得到的，（12）中含有依赖于不可数的无穷个变量 q_k 的变换函数 S。在某种意义上，我们可以说，旧的玻尔-索末菲定则是绝对正确的，如果我们使这条定则对不可数的无穷个场变量而言，而不是对就有限个抽取出来的坐标 Q_n 来求解简单的经典运动方程所得到的那些变量的值而言的话。

在进一步对 δS_c 为什么应该限于方程（16）所示的分立值提出一个解释之前，我们先来总结并系统地说明一下迄今所得到的一些主要的物理理念。

1. 我们从不可数的无穷个变量中抽出了一组“集体”运动常量

J_n 和它们的正则共轭量 Q_n。

2. J_n 可以始终如一地被限制为 h 的分立整数倍数。这样，作用量就可以被量子化。

3. 如果这组坐标是完全自决的，那么 Q_n 就会随时间线性增加（典型的经典理论就是如此）。然而，由于理论所遗漏的那些变量所产生的涨落，Q_n 将在它们所达到的范围内无规涨落着。

4. 这个涨落将包含 Q_n 的某种概率分布，它在每个自由度上的维数为 1（而不像相空间中典型的经典统计分布中那样，每个自由度上的维数为 2）。当把这个分布变换到 q_k 的构形空间时，就会
122 有一个相应的概率函数 $p(q_1,\cdots,q_k,\cdots)$，这个概率函数在每个自由度上的维数也为 1［动量 p_k 总是通过 q_k 被方程(12)确定］。

5. 于是，对于波函数 $\Psi=R\mathrm{e}^{\mathrm{i}S/\hbar}$，通过令 $p(q_1,\cdots,q_k,\cdots)=R^2(q_1,\cdots,q_k,\cdots)$ 以及令 S 为确定该系统运动常量的变换函数，我们便解释了它的意义。显然，我们这样赋予波函数的意义是与 4.5 节的初步解释中所提出的意义极为不同，尽管两种解释互相有颇为确定的关系。

6. 由于被忽略的更低层次的场变量的影响，各个量 I_n 一般只在某一有限的时间内才保持不变。实际上，当波函数变化时，只要 S 的一个奇点（即 Ψ 的一个零点）通过回路 C，沿一给定回路的积分 $\sum_k \oint_c p_k \delta q_k=\delta S_c$ 将发生突变。因此，对于非定态，各个作用变量会发生不连续的改变，每次变化为 h 的整数倍。

4.12 作用量子化的说明

在上一节，我们发展了一个含有不可数的无穷个场变量的理

论，这一理论为按量子理论的通常规则实现作用量的量子化留有余地。现在，我们要提出一种更定型的理论，这种理论将给出一些可能的物理理由，以说明为什么作用量会按上述规则量子化，这种理论也将对这些规则成立的领域提出一些可能的限制。

显然，我们的基本问题是对函数 S 提出某种直接的物理解释；这个函数出现在波函数 $\Psi=R\mathrm{e}^{\mathrm{i}S/\hbar}$ 的位相中，并且按照我们的理论，它也是决定基本运动常量的变换函数[见方程(15)]。如果我们要说明为什么绕回路一周的变化限于为 h 的分立整数倍，那 123
么，显然我们必须假设：S 与某一物理系统有着某种联系，使得 $\mathrm{e}^{\mathrm{i}S/\hbar}$ 必定是单值的。

为了赋予 S 以一种将导致上述性质的物理意义，我们先来对德布罗意原先提出的一个想法[①]进行某些修改。我们假设：无限个做非线性耦合的场变量实际上是这样组织的，使得在与任一特定大小层次有关的某一空间和时间区域内，发生一个周期性的内部过程。这个过程的精确本性，对于我们这里的讨论是无关宏旨的，只要它是周期性发生的就行了(比方，它可以是一个振动或一个旋转)。这个周期性的过程将对每一空间区域确定一种内部时间；因此实际上它会构成一种局域“时钟”。

但是，根据定义，每一局域化的周期过程都有某个洛伦兹参考系(Lorentz frame)，在这参考系中，它至少在一段时间内保持静止(即在此参考系中，它在这段时间内，并不明显地改变其平均位置)。我们再进一步假设，在这参考系中，同一大小层次的邻近时

① 私人通信。

钟倾向于近乎静止。这样一个假设等价于,要求在每一大小层次上,把一给定的区域分割为一些更小的、各自包含其有效时钟的区域,这种分割至少对某段时间来说具有某种规律性和持久性。如果在另一个参考系(如实验室参考系)中来考虑这些时钟,那么每一个有效的时钟都将具有一定的速度,此速度可以用一个连续函数 $\boldsymbol{v}(\boldsymbol{x},t)$来表示。

现在很自然地假设:(1)在其自身的静止参考系中,每个时钟都以均匀的角频率振动着,对于所有的时钟这个角频率都是一样的;(2)所有邻近的时钟,平均说来,彼此位相一致。在均匀空间中,我们没有什么理由说哪个时钟比别的时钟更特殊一些,也不能
124 说空间的哪个方向特别一些(像在静止参考系中 $\nabla\phi$ 的平均值不为非零所意味的那样)。因此,我们可以写

$$\delta\phi = \omega_0 \delta\tau \tag{17}$$

式中 $\delta\tau$ 是时钟的固有时间的变化,并且 $\delta\phi$ 与在这个参考系中的 $\delta\boldsymbol{x}$ 无关的。

在静止参考系中,邻近时钟的位相相等的原因,可以更深刻地理解为邻近时钟耦合的非线性性质(这种非线性性质隐含在场方程的普遍非线性性质之中)的一个自然结果。众所周知,如果存在非线性耦合,则自然频率相同的两个振子趋向于彼此位相一致①。当然,相对位相会有某种振动,但在长时间中并且平均说来这些振动将会抵消。

① 例如,一架同步电动机倾向于与产生自发电机的交变电流同相运转。在非线性振动理论中,存在无数的类似例子。关于非线性振动的更详细讨论,请参阅 H. Jehle and J. Cahn, *Am. J. Phys.*, vol. 21, 1953, p. 526。

让我们用某种固定的洛伦兹参考系即实验室的参考系来考察这个问题。于是，我们来计算 $\delta\phi(\boldsymbol{x},t)$ 的变化，这种变化会继续产生一种虚位移 $(\delta\boldsymbol{x},\delta t)$。这只取决于 δr。根据洛伦兹变换，我们得到

$$\delta\phi=\omega_0\delta\tau=\frac{\omega_0\left[\delta t-(\boldsymbol{v}\cdot\delta\boldsymbol{x})/c^2\right]}{\sqrt{1-\frac{v^2}{c^2}}}\text{。}\tag{18}$$

如果沿闭合回路积分 $\delta\phi$，那么位相的变化 $\delta\phi_c$ 应为 $2n\pi$，其中 n 为一整数。否则，时钟的位相便不是 $\boldsymbol{x}$ 和 t 的单值函数。因此，我们得到：

$$\oint\delta\phi=\omega_0\oint\frac{(\delta t-\boldsymbol{v}\cdot\delta\boldsymbol{x}/c^2)}{\sqrt{1-\frac{v^2}{c^2}}}=2n\pi\text{。}\tag{19}$$

如果我们现在假设，每个有效时钟之静止质量为 m_0，并将时钟的 125
平移总能量写成 $E=m_0c^2/\sqrt{1-\frac{v^2}{c^2}}$，相应的动量写成 $\boldsymbol{p}=m_0\boldsymbol{v}/\sqrt{1-\frac{v^2}{c^2}}$，那么我们就得到：

$$\oint(E\delta t-\boldsymbol{p}\delta\boldsymbol{x})=2n\pi\frac{m_0}{\omega_0}c^2\text{。}\tag{20}$$

如果我们假设 $m_0c^2/\omega_0=\hbar$（对于一切时钟的一个普适常量），那么我们正好得到我们所需要的那种量子化，因为回路积分包含了平动动量 $\boldsymbol{p}$ 和时钟坐标 $\boldsymbol{x}$[比方，我们可以令 $\delta t=0$，方程(20)就归结为方程(16)的一种特殊情形]。

由此可见，至少在这种特殊情形中，作用量的量子化可由一定

的拓扑学条件得到，对时钟位相的单值性要求中就暗含有这些拓扑学条件。

上述想法为更深入地理解量子化条件的意义提供了一个出发点。但是，需要在两方面加以补充：首先，我们必须考虑场中与不可数的无穷个自由度有关的进一步的涨落；其次，我们必须证明下述假设的正确性，即方程(20)中的比值 m_0c^2/ω_0 对所有的局域时钟是普适的并且等于 h 。

首先我们想到：给定层次上的每个局域时钟存在于某一空间和时间区域中，这一时空区域又是由一些更小的区域组成的，这样无限地继续下去。我们将会看到，如果我们假定，每个上述的子区域都含有一个同类有效时钟，并且这个有效时钟与同一层次上的其他有效时钟以同样的方式联系着，并且这种有效时钟结构随着空间与时间分解成子区域而无限地延续下去，那么，我们就能够得到作用量量子 h 在一切层次上的普适性。我们要强调，这只是一个初步的假设，以后我们将表明，上述时钟结构的无限延续的观念是可以放弃的。

126 为了处理这个问题，我们引入一组有序的无穷个动力学坐标 x_i^l 及其共轭动量 p_i^l 。x_i^l 代表第 l 个层次上的第 i 个时钟的平均位置，p_i^l 则代表相应的动量，在初级近似上，每一层次上的各种量可被当作下一级的变量的集体坐标来处理。但是，这种处理一般说来不可能是绝对准确的，因为每一层次在一定程度上都将直接受到所有其他层次的影响，这种影响极不可能单纯只用它们对下一层次的量的效应来完全表示。这样，虽然每一层次与下一层次的平均行为非常密切地相关，但同时它仍具有某种程度的独立性。

上述讨论使我们得到无穷个场变量的某种序化，这种序化是由问题的本性指出的。在这种序化中，我们认为上面定义的一系列量 x_i^l 和 p_i^l 原则上都是完全独立的坐标和动量，然而，它们通常是通过适当的相互作用而联系和相关的。

现在，我们可以用正则变换来处理这个问题。我们引入一个作用函数 S，它依赖于钟内又有钟这种无穷多结构的所有变量 x_i^l。于是，如前一样，我们有：

$$p_k^l = \frac{\partial S}{\partial x_k^l}(x_i^l,\cdots,x_k^l,\cdots) \tag{21}$$

其中 l 表示一切可能的层次。

对于运动常量，我们有：

$$I_c = \sum_{k,l}\oint p_k^l \delta x_k^l = \delta S_c \tag{22}$$

式中的各积分是在一些适当的闭合回路上取的。

每一个运动常量现在都是由含有 $p_i\delta x_i$ 的回路积分构成的， 127
但是我们曾经看到，每个时钟绕任何环路都必须满足位相条件 $\oint p_\mu \delta_x^\mu = 2n\pi h$。因此，这个和式满足这一条件，而这一条件反过来不仅必须在时钟实际走过的实回路中被满足，而且在任何一个与给定的一组运动常量之值相容的虚回路中被满足。由于来自更低层次的涨落，任何一个时钟总是有可能在问题中的任何一条回路上运动；并且经历不同的无规涨落着的轨道而到达同一位置时一般不会彼此位相一致，除非运动常量是这样确定的，使得 $\delta S_c = 2n\pi h$。因此，到达空间和时间的同一点的一切时钟在位相上的一致就等价于量子条件。

上述处理的自洽性可以在下面的进一步分析中得到证实，这个分析同时也排除了引入如下特殊假设的必要：m_0c^2/ω_0 是普适常数并对一切时钟都等于 $\hbar$ 。每一个时钟现在被看作是一个由许多更小的时钟组成的复合系统。事实上，在适当的近似程度上，可以把每个时钟的位相看成是与更小时钟（于是，它们代表着所涉时钟的内部结构）的空间坐标相关的一个集体变量。现在，作用变量 $I_c=\oint_c\sum_{k,l}p_k^l\delta q_k^l$ 是一个正则不变量，意即对于每一组正则变量，它的形式都一样，它的值在一个正则变换中不会改变。因此，如果变换到任何一个给定层次上的集体坐标，我们仍然会得到对 I_c 的同一种限制，即一定是 h 的整倍数，尽管 I_c 是用集体变量来表示
128 的。这样，给定层次上的集体变量一般会受到与该层次原来的变量所满足的同样的量子化限制。为了使给定层次的变量实质上等于下一层次的集体变量，只要一切层次的变量都以相同的作用量单位 h 被量子化就足够了。这样，不可数的无穷个变量的一个总体一致的序化便是可能的。

于是，每个时钟的作用变量 I_c 具有一个量子化的值，I_c 与该时钟的内部运动（即其位相变化）有关。然而，曾经假设这个内部运动实际上是谐振子的运动。根据一条熟知的经典结论，内能为 $E=J\omega_0/2\pi$；又由于 $J=Sh$，其中 S 可为任一整数，因此我们得到 $E_0=S\omega_0\hbar$ 。

但是，E_0 也是时钟的静止能，故 $E_0=m_0c^2$。因此我们得到：

$$\frac{m_0c^2}{\omega_0}=S\hbar\text{ 。}\qquad(23)$$

把上式代入方程(20),就有:

$$\oint(E\delta t-\boldsymbol{p}\delta\boldsymbol{x})=2\pi\frac{m_0c^2}{\omega_0}n=nSh=nh\ ; \tag{24}$$

由于 S 一般取任意整数值,故它也是个任意整数。这样,我们便不必单独假设 m_0c^2/ω_0 是一个等于 h 的普适常数了。

为了完成理论的这一发展阶段,我们必须表明,上面讨论的模型在给定层次的变量的相空间中将引起一个与海森伯原理的含义相一致的涨落。换句话说,必须证明作用量量子 h 也对任一层次 129
的量的自决程度的限制提供一个正确的估计。

为了证明上述猜测,我们必须注意到,每个变量都涨落着,因为它依赖于更低层次的各个量(这个量是这些量的一个集体坐标)。较低的层次的量的作用变量只能以 h 的分立整数倍数改变。因此,不难想象,特定变量的涨落范围与构成它的较低的层次变量中所发生的各种可能的分立变化的大小密切相关。

我们将以一切自由度可以表示为耦合的谐振子这种特例来证明上述定理。这是真实问题(它是非线性的)的一种简化。真实运动将由加诸无限动荡的背景之上的一些小的系统微扰组成。这些系统微扰可被看成是代表构成一个特定层次的局域时钟的总行为的集体坐标。这样一种集体运动一般将取波动的形式,它在一定的近似程度上做简单的简谐运动。让我们用 J_n 和 ϕ_n 分别代表第 n 个谐振子的作用变量和角变量。只要线性近似是正确的,J_n 就是一运动常量,而 ϕ_n 则随时间按方程 $\phi_n=\omega_n t+\phi_{0n}$ 线性增加,式中 ω_n 是第 n 个振子的角频率。J_n 和 ϕ_n 将由一个类似于式(12)的正则变换与时钟的变量相联系。因为广义的玻尔-索末菲条件式

(16)对于正则变换是不变的，于是就得到 $J_n = Sh$，其中 S 是整数。此外，这些振子的坐标和动量可写为：[①]

$$p_n = 2\sqrt{J_n}\cos\phi_n \,, \qquad q_n = 2\sqrt{J_n}\sin\phi_n \,。$$

现在我们来考虑较高的层次中的一组正则变量。我们用 Q_i^l

130 和 π_i^l 表示其中的一对。原则上，这些变量由所有其他层次变量的总体所决定。的确，在这种决定中起主要作用的是该层次下面的一层次的变量，然而其他层次的变量也会产生某种影响。因此，根据我们以前的论述，我们必须认为 Q_i^l 和 π_i^l 原则上是独立于任何一组给定的较低层次中的变量的，后者当然也包括该层次下面的那一层次的变量。

只要线性近似成立，我们就可以写出：[②]

$$Q_i^l = \sum_n \alpha_{in} p_n = 2\sum_n \alpha_{in}\sqrt{J_n}\cos\phi_n$$

$$\pi_i^l = \sum_n \beta_{in} q_n = 2\sum_n \beta_{in}\sqrt{J_n}\sin\phi_n \qquad (25)$$

式中 α_{in} 和 β_{in} 是常系数，并且我们记住，假定 n 包括了除 l 以外的一切层次。

为了使假设 Q_i^l 和 π_i^l 是正则共轭量不致产生矛盾，它们的泊松括号(Poisson bracket)必须等于 1，即：

$$\sum_n \left(\frac{\partial \pi_i^l}{\partial J_n}\frac{\partial Q_i^l}{\partial \phi_n} - \frac{\partial \pi_i^l}{\partial \phi_n}\frac{\partial Q_i^l}{\partial J_n}\right) = 1 \,。$$

借助方程(25)，上式变为：

---

① Born，在前面所引用的书中。

② 人们可以取更一般的线性组合，但这些组合只会使表述复杂化而并不改变问题的基本特征。

$$\sum \alpha_n \beta_n = 1 \text{。} \tag{26}$$

方程(25)意味着 Q_i^l 和 π_i^l 是一个非常复杂的运动。因为在一个典型的耦合振子系统中,各个 ω_n 一般是完全不相同的、并且彼此不成整数倍(除了测度为零的各种可能的集合外)。因此,运动 131
将是相空间中一条"填满空间的"(准遍历性的)曲线,它是周期不是互成有理数倍的两个垂直的谐振子的二维利萨茹图形(Lissajou figure)的推广。

在一段比较低的层次的振子的周期 $2\pi/\omega_n$ 长得多的时间间隔 τ 内,Q_i^l 和 π_i^l 在相空间中的轨线实质上将填满某一区域,尽管轨道在任何时刻都是确定的。现在我们对这段时间取平均来计算 Q_i^l 和 π_i^l 在这个区域内的平均涨落。注意到,对这样的平均,有 $\overline{Q_i^l} = \overline{\pi_i^l} = 0$,我们就得到这样一些涨落:

$$\begin{aligned}(\Delta Q_i^l)^2 &= 4\sum_{mn} \alpha_m \alpha_n \sqrt{J_m J_n} \overline{\cos\phi_m \cos\phi_n} \\ &= 2\sum_m (\alpha_m)^2 J_m \end{aligned} \tag{27}$$

$$\begin{aligned}(\Delta \pi_i^l)^2 &= 4\sum_{mn} \beta_m \beta_n \sqrt{J_m J_n} \overline{\sin\phi_m \sin\phi_n} \\ &= 2\sum_n (\beta_n)^2 J_n \end{aligned} \tag{28}$$

式中我们利用了下述结果:对于 $m \neq n$,$\overline{\cos\delta_m \cos\delta_n} = \overline{\sin\delta_m \sin\delta_n} = 0$(除上述零测度集外,在零测度集内 ω_m 和 ω_n 互成有理数倍)。

我们现在假设,除零测度集外,所有振子都处于最低态($J = h$)。零测度集代表着相对于"真空"态的可数个激发态。由于激发态的数目少,因此它们对 $(\Delta Q_i^l)^2$ 和 $(\Delta \pi_i^l)^2$ 的贡献可以忽略。

因此,我们在式(28)中取 $J_n = h$ 就得到

$$(\Delta Q_i^l)^2 = 2\sum_m (\alpha_m)^2 h\ ; \qquad (\Delta \pi_i^l)^2 = 2\sum_n (\beta_n)^2 h\ 。$$

然后我们利用施瓦兹不等式(Schwarz inequality)

132 $$\sum_{mn} (\alpha_m)^2 (\beta_n)^2 \geqslant \left| \sum_m \alpha_m \beta_m \right|^2 \tag{29}$$

将上式与方程(26)、(27)、(28)合起来，就得到：

$$(\Delta \pi_i^l)^2 (\Delta Q_i^l)^2 \geqslant 4h^2\ 。\tag{30}$$

上述关系实质上就是海森伯关系。ΔQ_i^l 和 $\Delta \pi_i^l$ 实际上代表对第 l 级的自决程度的限制，因为这一级的一切量显然都必须对远大于 $2\pi/\omega_n$ 的一段时间取平均。这样一来，我们就从作用量量子的假定导出了海森伯原理。

我们注意到，在 4.10 节中我们曾以极为不同的方式得到过式(30)；那里假设场有简单的无规涨落，与布朗运动的粒子的无规涨落相似。因此，满足 J_n 是分立的并对一切变量其值都等于同一常数 h 的无限个较低层次的变量，将导出一个长期的运动图形，这运动图形重现了一个无规的布朗运动型涨落的某些本质特征。

至此，我们已经完成了提出一个解释量子化规则以及海森伯不确定性关系的普遍的物理模型的任务。很容易看到，我们这个含有无限个时钟、钟内有钟的基本物理模型，是可以作些根本的变化而超出现行量子理论的范围的。为了表明存在有这种可能性，我们假设这种钟内有钟的结构只延续到某一特征时间 τ_0 为止，小于 τ_0 它就不再存在而为另一种结构所代替。于是，在包括的时间远大于 τ_0 的过程中，时钟仍然会受到和以前实质上相同的限制，
133 因为它们的运动不会被更深层次的次级结构明显改变。然而，在所包括的时间小于 τ_0 的过程中，这些限制便没有理由再起作用，

因为结构已经不同了。这样我们就看到：J_n 是怎样在某些层次上被限制取一些分立值，而在另一些层次上则不一定受同样的限制。

对于其中 J_n 不一定是 h 的倍数的那些层次来说，关于 Q_i^l 和 π_i^l 的涨落不等式(30)不再适用。代替 h 的是一个与所讨论的层次有关的平均作用量 J_m。此外，由于时间极短，$(\cos\phi_m \cos\phi_n)$ 的平均值不再可以忽略。这样，确定 J_n 的定则和确定与给定层次有关的涨落大小的定则发生变化就有了可能。虽然，在量子层次上，通常的定则仍在很高的近似程度上有效。

4.13 探索亚量子层次的实验的讨论

现在我们来讨论(至少是一般地讨论)有可能从实验上来检验亚量子层次的条件，并且这样一来就完全回答了海森伯和玻尔对隐变量提出的批评。

首先，我们回忆一下：关于最大可能地精确测量正则共轭变量的海森伯关系，其证明利用了一个隐含的假定，即测量必定只包括那些满足现行量子理论普遍定律的过程。例如，在著名的 γ 射线显微镜的例子中，他假设一个电子的位置是通过该电子将一束 γ 射线散射进入透镜并落到感光底片而测量的。这种散射实质上是一次康普顿效应(Compton effect)，而海森伯原理的证明实质就 134
依赖于，假定康普顿效应满足量子理论的定律(即在一个“不可分的”散射过程中能量和动量守恒，被散射的量子在穿过透镜时的波动性，感光底片上的粒子斑点的不完全确定性)。更一般地说，任何这类证明必须基于下述假定：测量过程的每一阶段都满足量子理论的定律。因此,假设海森伯原理具有普适性,归根结底就等于假设量子理论的普遍定律是普适的。不过这一假设现在是用粒子与一个测量仪器的外在关系表述的,而不是用粒子本身的内部特征表述的。

按照我们的观点,海森伯原理不应被主要看作是一个表示在量子领域中不可能进行无限精确测量的外在关系。相反,它应该被认为基本上是能在量子力学层次上被定义一切实体的特征性的自决不完全程度的表示。如果我们要测量这类实体,则我们利用的也是发生在量子力学层次的过程,因此测量过程在自决程度上的极限与这一层次中的每一个别的过程的极限相同。这很像我们用显微镜来观测布朗运动,而显微镜本身也受到和我们试图观测的系统受到的程度相同的无规涨落。

然而,我们在 4.10 节和 4.12 节曾看到,作下述假设是可能的并且确实很像是合理的,即假设包含着极小的时间和空间间隔的亚量子力学过程,其自决程度不会受到量子力学过程所受的那些
135 限制。当然,这些亚量子过程很可能包含一些新型实体,它们不同于电子、质子等,就像后者不同于宏观系统一样。因此必须发展一套全新方法以观测它们(就像过去曾必须发展一套新方法以观测原子、电子、中子等一样)。这些方法将依赖于利用包含亚量子定律的相互作用。换句话说,正如“γ 射线显微镜”是以康普顿效应为基础一样,一部“亚量子显微镜”要以一些新效应为基础,这些效应的自决程度不受量子理论定律的限制。这些新效应将有可能在某一可观测的宏观事件与亚量子变量的状态之间建立一种相关关系,它要比海森伯关系所允许的更为精确。

当然，我们并不期望，用上述方式去实际确定一切亚量子变量，从而十分详细地预测未来。相反，我们的目的只是，通过不多几个判别性的实验，以证明亚量子层次是存在的，并研究它的定律，以及利用这些定律比现行量子理论更详尽、更精确地解释和预测较高层次上系统的各种性质。

为了更详细地讨论这个问题，我们想起上一节的一个结论，即，如果在较低的层次中作用变量可以按比 h 小的单位分解，那么对这些较低层次的自决程度的限制就可能比海森伯关系所给出的限制宽一些。因此，在较低层次上很可能发生相对可以分解的和自决的过程。但是，我们怎样才能在我们这一层次观测到它们呢？

为了回答这个问题，我们参看方程(25)，它用一个典型例子表明，给定层次的变量是如何在一定程度上依赖于一切较低层次的变量的。例如，如果 π_i^l 和 Q_i^l 表示经典层次，那么一般说来它们将主要由量子层次的 p_i^l 和 q_i^l 决定。但是，各个亚量子层次也将引 136
起某些效应。通常这些效应非常之小。然而在特殊情况下(比如依靠仪器的特殊安置)，π_i^l 和 Q_i^l 也可能明显地依赖于一个亚量子层次的 p_i^l 和 q_i^l 。当然，这意味着某种新型亚量子过程(这种过程现在仍是未知的，但也许以后会发现)与可观测的宏观经典现象发生耦合。这样一个过程可能包含有高频因而包含有高能，不过是以新的方式包含的。

即使亚量子层次对 π_i^l 和 Q_i^l 的影响很小，它们也不完全等于零。因此，通过以极高精确度来重做旧有实验，也有可能检验这些影响。例如，在方程(24)中，只有假设作用量子普适地(在一切层次上)都等于 h 之后，才能得到关系 $J_n = nh$。因此，亚量子层次中对这个假设的偏离将作为谐振子的关系 $E=nh\nu$ 中一个微小误差在经典层次上反映出来。在这方面，让我们想到，在经典理论中，能量和频率之间根本不存在任何特殊的关系。在亚量子领域内也许会在某种程度上恢复这种情况。结果，在 E_n 和 $nh\nu$ 之间的关系中会发现一个小涨落。例如，会有：

$$E_n=nh\nu+\varepsilon,$$

式中 ε 是很小的无规涨落量（当频率越来越高时，它就越来越大）。为了检验这种涨落，我们可以做一个实验，以精确度 $\nabla\nu$ 来观测一束光的频率。如果观测到的能量涨落大于 $h\ \nabla\nu$，并且在量子层次上不能找到这种涨落的来源，那么便可取这个实验作为有亚量子涨落的一种暗示。

137 通过上述论述，我们就完成了对玻尔和海森伯的批评的答复，他们认为，一个更深的隐变量层次（作用量子在这一层次中可以分解）绝不可能在任何实验现象中被揭示出来。上述讨论也意味着没有什么有根据的论据可以论证玻尔的这一结论：不可能有什么有效证据能证明玻尔的如下结论是合理的，即物质的详尽行为作为唯一的和自决的过程这个概念，一定只局限于经典层次（在这一层次可以直接观察宏观现象的行为）。事实上，我们也可以在亚量子层次上运用这类概念，亚量子层次与经典层次的关系比较间接，但在原则上仍然可以通过它对经典层次的影响发现这个较低层次的存在及其性质。

最后，我们来考虑爱因斯坦-罗森-波多尔斯基佯谬。我们在4.4节中曾经看到，我们不难解释相距很远的系统那种奇特的量子力学相关性，只要假设这些系统之间存在着在亚量子力学层次上传递的隐相互作用。由于这个较低层次上存在无穷个涨落着的场变量，因此发生着足够的运动，可以说明这种相关性。唯一真正的困难在于，解释当两个系统在飞离开时，我们改变一个系统的测量仪器因而突然改变了要测的变量，这时这种相关性如何能保持。这时远离的那个系统怎样会立即就收到一个讯号，表明要测量一个新的变量，从而作出相应的反应？

为了回答这个问题，我们首先注意到，只有当观测仪器的各个部分安置了够长的时间，使得它们有大量的机会通过亚量子力学的相互作用与原来的系统建立平衡之后，才能在实验上观察到远离的系统的这种特有的量子力学相关性①。例如，在 4.4 节中所描述的分子情形中，甚至在分子分解之前就有时间让许多脉冲在分子与自旋测量装置之间来回传递。于是，分子的行动可以是由 138
来自仪器的讯号所“触发”的，因此它将为测量仪器发射自旋已恰当地排列好的原子。

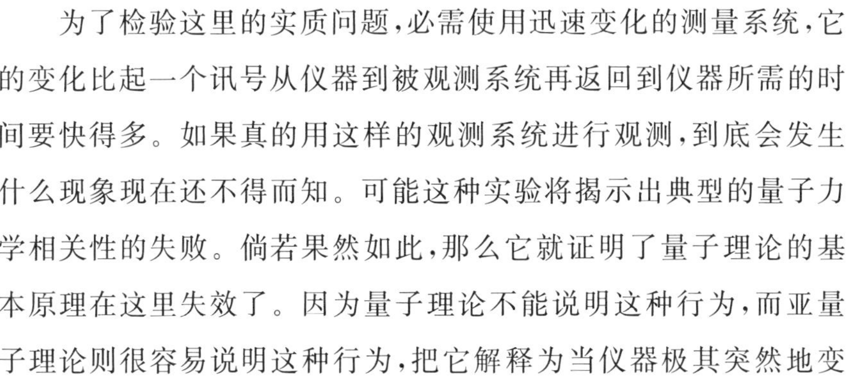

为了检验这里的实质问题，必需使用迅速变化的测量系统，它的变化比起一个讯号从仪器到被观测系统再返回到仪器所需的时间要快得多。如果真的用这样的观测系统进行观测，到底会发生什么现象现在还不得而知。可能这种实验将揭示出典型的量子力学相关性的失败。倘若果然如此，那么它就证明了量子理论的基本原理在这里失效了。因为量子理论不能说明这种行为，而亚量子理论则很容易说明这种行为，把它解释为当仪器极其突然地变化时，两个系统的亚量子联系来不及足够迅速变化以保证其相关

① D. Bohm and Y. Aharonov, *Phys. Rev.*, vol. 108, 1957, p. 1070.

性成立的结果。

另一方面，若是在这样一次测量中仍然发现有预测的量子力学相关性，那也并不证明亚量子层次不存在。因为，甚至突然改变观测仪器的机械装置也一定与系统的一切部分有亚量子的联系，仍有可能传给分子一个讯号，通知分子某一个可观测量最终将被测量。当然，我们会期望，在仪器复杂到某种程度上，亚量子联系不再能做到这一点了。但是，由于没有一个更详尽的亚量子力学理论，在什么地步会发生这种情况尚不得而知。无论如何，这种实验的结果肯定是非常有趣的。

139

4.14 结论

总之，我们已经对我们的理论做了充分的介绍，足以表明，我们能够通过含有隐变量的亚量子力学层次来说明量子力学的本质特征。这个理论可以具有新的实验内容，特别是在极短距离和极高能量的领域内，这个领域内有着一些新现象是流行理论所不能令人满意地处理的（这个理论的新的实验内容还表现在相距很远的系统的相关性的某些特征性的实验验证上）。此外，我们还看到了，这种类型的理论为消除流行理论中也与短距离和高能量领域有关的发散困难开辟了新的可能性（例如，4.10 节中曾表明，若海森伯原理对很短时间间隔不成立，就能够消除量子涨落的无穷大结果）。

当然，这里所发展的理论还远不是完善的。一个完善的理论至少必须说明，为什么对于费米子会得到多体狄拉克方程而对玻色子则得到普通的波动方程。在这些问题上我们已经取得了许多进展，但在这里已没有篇幅来讨论它们了。此外，在通过我们的方案来对各种新型粒子(介子、超子等)进行系统地处理这一方面，也取得了更进一步的进展。所有这些以后将在别处发表。

虽然如此，即使在它现在这种不完善的形式中，这个理论也回答了各种基本的批评，那些批评者认为这样的理论是不可能的，或者觉得这个理论绝不可能有任何真实的实验内容。至少，这个理论似乎有可能说明一些真实的实验问题以及那些与流行理论缺乏内在一致性的有关问题。

由于上述理由，现在似乎需要对含有隐变量的理论予以考虑， 140
这能帮助我们避免教条式的偏见。这些偏见不仅不合理地限制了我们的思维，而且同样地也限制了我们可能进行的实验的种类(因为大部分实验毕竟是被设计用来回答某个理论提出的问题的)。当然，坚持认为通常的解释对于这些问题已经一点用处也没有了，那同样也是教条式的态度。现阶段所需要的是沿着多种途径进行探索，因为不可能事先知道哪一条道路是正确的。此外，证明隐变量理论并不是不可能的，因为它有其更普遍的哲学意义，它可以提醒我们：假设某一特定理论的一些特征是绝对普适的，而得出的结论却是不可靠的，不论这些特征成立的领域看来似乎是多么普遍。

141 # 第五章 量子理论是物理学中新序的一种征兆

——从物理学史看新序发展

5.1 引言

物理学中的革命性变化总是包含着对于新序(new order)的感知,以及对于发展适合交流这种新序的语言使用新方式的注意。

在本章,我们先讨论物理学发展史的某些特点,这有助于洞察感知和交流一种新序的意指。然后,我们在下一章将阐述量子理论指示着一种新序并提出我们关于这新序的若干建议。

142 在古代,关于自然界的序(order in nature)只有一种模糊的定性观念。随着数学特别是算术和几何学的发展,人们有可能更准确地定义各种形式和比率,致使人们可以描述诸行星的详细轨道,等等。然而,这种对于行星和其他天体运动的详细数学描述包含着一些关于序的一般观念。例如,古希腊人认为,地球是宇宙的中心,环绕地球的是一些天球,它们在越来越远离地球时,就向理想完善的天上物质靠近。天上物质的完善性被认为表现在圆形轨道之中,这种轨道被认为是所有几何图形中最完善的。而地上物质的不完善性被认为表现在地球物质的非常繁复的和明显随意的运动之中。因此，人们是依据某种总序（即完善程度的序）来感知和讨论宇宙的，这种完善程度的序对应于离地球中心的距离序。

作为一个总体的物理学是依据密切相关于以上描述的序的观念来理解的。例如，亚里士多德把宇宙比作活有机体，其中每一部分都有其恰当的地位和功能，致使所有部分同时运作而形成一个单一的整体。在这个整体内，一个物体只有受到一个力的作用时才能移动。因此力被认为是运动的原因。所以，运动的序（order of movement）是由原因的序（order of causes）确定的，而原因的序又取决于每一部分在其整体中的地位和功能。

当然，物理学中对序的感知和交流的一般方式一点也不跟普通经验相矛盾（例如，作为普通经验的一条规则，只有存在一种能克服摩擦的力时，运动才是可能的）。诚然，当对行星作更详尽的观测时，会发现它们的轨道实际上并不是理想的圆形，但是，在主导的 143
序观念内，这个事实被弄得适应于这样一种考虑，即行星的轨道是各种本轮的叠加（即圆中套圆）。于是，人们看到了在特定的序观念内适应能力的一个明显例子，这种适应能使人们继续依据这种实质上僵化的观念来感知和谈论，尽管事实证据可能初看起来似乎必须彻底改变这些观念。借助于这种适应，人们千百年来可以几乎不依赖于他们观察的细节内容，望着夜空并领会那里的本轮。

于是很清楚，基本的序观念（例如用本轮的词语所表达的）绝不可能遭到决定性的反驳，因为它总是能被调整得符合被观测到的事实。但是，新精神最终会在科学研究中出现，并导致对旧序（old order）相关性的质疑。由哥白尼（Copernicus）、开普勒（Kepler）和伽利略（Galileo）提出的质疑是令人瞩目的。从这些质疑中产生出来的，实质上是这样一种提议：即地上和天上物质之间的区别实际上并不怎么重要。相反，物质在虚空中与在黏性介质中的运动被认为存在有关键性的区别。于是，物理学的基本定律应适用于物质在虚空中的运动，而不应适用于它在黏性介质中的运动。因此，当亚里士多德说通常被经验到的物质只能在力的作用下才移动时他是对的，但当他假设这种普通经验相关于物理学的基本定律时他就错了。由此可以得出：天上物质与地上物质的主要区别不是完善程度的区别，而是天上的物质一般是在没有摩擦的真空中运动，而地上物质则是在有摩擦的黏性介质中运动。

显然，这样的观念一般是跟把宇宙视为一个单一的活有机体
144 的观念不相容的。相反，在基本的描述中，现在必须认为宇宙能被分解成一些分立存在着的、在空间或真空中运动的部分或物体（比方说，行星、原子，等等）。这些部分可以在相互作用中共同运作，多少像一部机器的各部分所做的那样，但它们不可能生长、发展和发挥功能以响应由一个“有机整体”所确定的各种目标。描述这一“机器”各部分运动的基本序（basic order）被认为是各构成物体在相继时刻的相继位置的序。这样，一种新序就变成相关的了，并且为了描述这种新序不得不发展出一种新的语言用法来。

在新的语言用法的发展过程中，笛卡尔坐标（Cartesian coordinates）起了关键作用。事实上，“坐标”一词就含有序化（ordering）的功能。这种序化是借助于格子来实现的。它由三组相互垂直且刻度均匀的线条所组成。每一组线条显然就是一种序（类似于整数序）。因此，一条给定曲线是由 x 序、y 序和 z 序三者的协同所确定的。

坐标显然不应看成是自然物体。相反，它们仅仅是我们为了描述方便而建立的形式。就其本身而论，坐标具有很大程度的任意性和约定性（例如，坐标系的方位、标度、正交性等方面的任意性和约定性）。然而，众所周知，尽管有这种任意性，人们还是能够获得一种用坐标的词语所表达的非任意的一般定律。如果定律采取一种关系的形式，那么它在描述序的任意性特征发生变化的情况下保持不变就是可能的。

使用坐标实际上就是按照跟宇宙的力学观相适应的方式来整理我们的注意力，从而以同样的方式整理我们的感知和思维。例如，清楚的是，虽然亚里士多德很可能本已理解了坐标的意义，但他可能发现：对于他把宇宙理解为一个有机体这一目标来说，坐标 145
是很少有或根本没有意义的。但是，一旦人们准备把宇宙设想成一部机器，他们就会自然地倾向于把坐标序看成是普适相关的序，对物理学中一切基本描述都有效。

在这个文艺复兴以后成长起来的、关于感知和思维的新笛卡尔序之内，牛顿得以发现非常一般的定律。这定律可以表述为：“与苹果下落的运动序一样，月亮也有这种运动序，一切物体都有这种运动序。”如通过使用坐标所详细描述的，这是对于定律的一种新感知，即对于自然之序的普适和谐性的一种新感知。这种感知是非常深刻的洞察力的一次闪现，它基本上是有诗意的。实际上，“poetry”（诗）一词的词根是希腊语的“poiein”，其意思是“制造”或“创造”。因此，从最原始的意义上讲，科学具有对创造性的新序感知进行诗意般的交流的性质。

用多少是更枯燥无味的方法来表达牛顿的洞察力是写成 A：

$B::C:D$。这就是说:“就像苹果的相继位置 A 与 B 是相关的一样,月亮的相继位置 C 与 D 也是同样相关的。”这里,我们是在其最广的意义上(例如,在其原始的拉丁语意义上)来理解比率一词的:它包括了一切理由。因此,科学的目的是发现普适的比率或理由,普适的比率不只包括数量比率或比例($A/B=C/D$),而且包括一般的质的相似性。

合理的定律并不限于表述因果性(causality)。显然,就这里所指的意义,理由远远超出了因果性,后者是理由的一个特例。实际上,因果性的基本形式是:“我进行某一活动 X,从而引起某事物发生。”于是,一条因果律采取的形式是:“就像有我的这种因果性活动一样,在自然界中也存在一定的能被观测到的过程。”因此,因果律提供的是一定的有限类别的理由。但是,更一般地,一个合
146 理的说明采取的形式是:“就像事物在一定的观念或概念中是相关的一样,它们事实上也是相关的。”

从上述讨论中可以清楚地看到,在寻找理由或合理性的新结构的过程中,关键是首先要识别出相关的差异。试图在不相关的差异之间寻找一条合理的联系就会导致任意性、混乱和一般的无效(例如,就像使用本轮的情形那样)。所以,我们必须准备好放弃我们关于什么是相关差异的假定,尽管通常很难做到这一点,因为我们易于赋予熟悉的观念以较高的心理价值。

5.2 什么是序?

到此为止,我们已经在每个人多少都知道的若干领域中使用

了序一词，因此，它的含义可以很清楚地从其用法中看出。可是，序的观念显然是跟更广的种种境况相联系的，因此，我们不把序限定于把物体或形式规则地排列成线或成行（例如，像在格子情形中那样）。而是，我们可以考虑更多的一般序，诸如一个生命体的生长序、生物物种的进化序、社会的序、一部乐曲的序、绘画的序、构成通讯意义的序，等等。如果我们希望探究这些更广的境况，那么，我们在本章前面提及的那些序观念显然就不再是恰当的。因此，我们被引向一个一般的问题："什么是序？"

可是，序观念的蕴涵是如此的广大与无限，以致不能用言词来定义它。实际上，对序我们能做的至多是，试图在尽可能广泛的与序相关的境况中含蓄地"指向"它。我们大家都隐约地知道序，而且无需精确的语词定义，这种"指向"或许还能表达出序的一般的和总的含义。

为了着手理解一般意义的序，我们可以先回顾一下：在经典物 147
理学的发展中，对新序的感知被认为是涉及到识别种种新的相关差异（物体在相继时刻的位置）以及在这些差异中发现种种新的相似（在这些差异中"比率"的相似）。这里的意思是，这就是对于序的最一般感知方法的萌芽或核心，即对于相似的*差异*和*差异*的相似给予注意①。

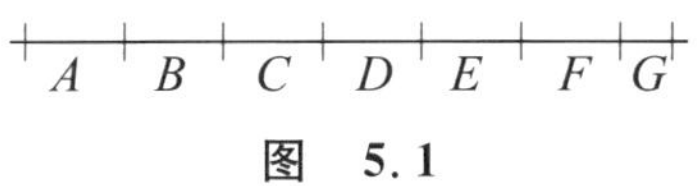

图 5.1

① 关于序的这种观念是由著名艺术家比德尔曼（C. Biederman）在私人通信中首先向我建议的。关于他的观点的介绍，请参阅 C. Biederman, *Art as the Evolution of Visual Knowledge*, Red Wing, Minnesota, 1948。

让我们用几何曲线来例证这些观念。为使例子简化，我们用一系列等长直线段来近似地画出曲线。先画一条直线，如图 5.1 所示，在这条直线上的所有线段方向相同，所以所有线段的唯一差异是位置。因此，A 段和 B 段之间的差异是一个空间位移，这空间位移相似于 B 段与 C 段之间的差异，如此等等。于是，我们可以写出

$$A:B::B:C::C:D::D:E\ 。$$

可以说，这种“比率”或“理由”的表达式定义了一条第一类曲线，即一条只有一个独立差异的曲线。

148 接下来，我们来考察如图 5.2 所示的图形。图中，A 段与 B 段在方向和位置上都不相同。这样，我们就获得了有两个独立差异的曲线。这种曲线是一条第二类曲线。然而，在这些差异中我们依然只有一个单一的“比率”：$A:B::B:C$ 。

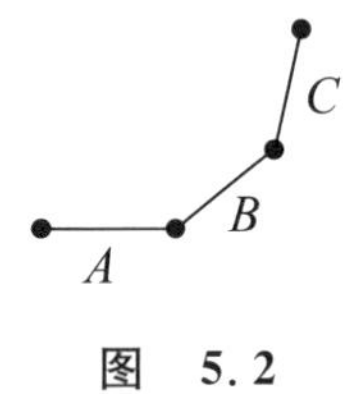

图 5.2

我们现在来考察一条螺旋线。这里，线间的夹角能够绕第三维旋转，这样我们就有一条第三类曲线。它也是由单一的比率 $A:B::B:C$ 确定的。

至此，为了获得第一类、第二类、第三类等曲线，我们考察了差异中的各种相似。然而，在每类曲线中，相继步之间的相似（或比率）却保持不变。现在，我可以注意到这样一些曲线：在其中，沿着曲线这种相似是不同的。以这种方式，我们被引导考虑的不只是

相似的差异,还有不同的差异相似。

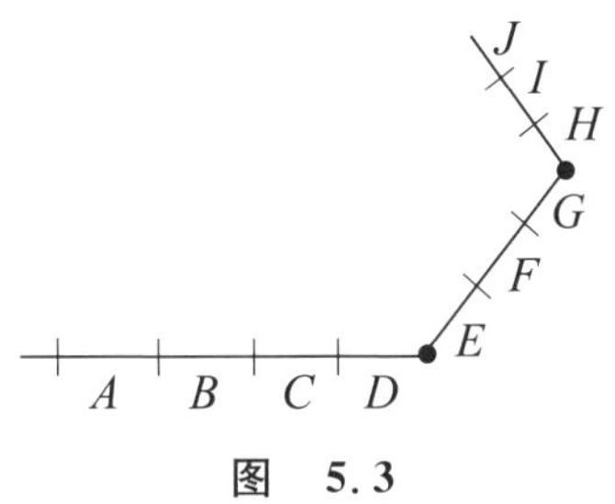

图　5.3

我们可以用一条由一连串不同方向的直线构成的曲线(见图5.3)来说明这一观念。在第一条线段($ABCD$)上,我们可以写出

$$A : B \overset{S_1}{::} B : C\ 。$$

符号 S_1 代表"第一类相似",即沿该线段($ABCD$)方向上的相似。然后,我们把线段(EFG)和(HIJ)写成

$$E : F \overset{S_2}{::} F : G \text{ 和 } H : I \overset{S_3}{::} I : J$$

其中 S_2 代表"第二类相似",S_3 代表"第三类相似"。

我们可以把这种相继相似的差异(S_1,S_2,S_3,…)视为一种第二级差异。由此我们可以发展出这些差异中的第二级相似 $S_1 : S_2 :: S_2 : S_3$ 来。

以上做法,事实上是开创了一个相似与差异的等级系统。我们可以通过它去继续考虑具有任意高级别序的曲线。当序的级别(degrees of order)变得无限高时,我们也就能够描述通常称为"随机"曲线的东西(如在布朗运动中遇到的)。这类曲线不是由任何有限步数所确定的。虽然如此,把这类曲线叫做"无序的"(disordered,即什么序都没有)是不恰当的。毋宁说,它具有某种序,是无限高级别的序。

通过这种方法，我们被引导对一般的描述语言作出一种重大的变革。我们不再使用“无序”(disorder)一词，代之以区分出序的不同级别来(例如，存在一个不间断的曲线等级，从第一级曲线开始，逐级上升到一般叫作“随机”的曲线)。

序不应等同于可预测性(predictability)，在这里补充这一点是很重要的。可预测性是那种由很少的几步就确定了整个序(如低级别序的曲线那样)的特殊序的一种性质；但是，还可能存在复杂而难以捉摸的、实质上与可预测性无关的序(例如，一幅好画是高度序化的，然而这种序并不允许从一部分预测出另一部分来)。

5.3 度

在发展高级别序的观念中，我们已经悄悄地引进了每一种次级序(sub-order)都有一个极限的观念。例如在图5.3中，线段 ABC 的序在 C 段的终点达到它的极限。在此极限之外是另一种
150 序 EFG，等等。所以，对高级别的等级序(hierarchic order)的描述一般包含极限的概念。

在古代，“度”一词的最基本的含义是“极限”或“边界”，注意到这一点是很重要的。从这个词的意义来看，可以说多种事物都有其恰当的度。例如，人们认为，当人的行为超出了恰当的界限(或度)时，那结果必然是悲剧性的(如希腊戏剧强有力地表明的那样)。事实上，度被认为对于理解善是必不可少的。例如，“医术”一词起源于拉丁语“mederi”，其意思是“治疗”，它来自意思为“度”的词根。这就意味着，所谓健康就是使包括身体和心灵的每一事

物都保持在恰当的度之内。类似地，智慧（wisdom）跟适度（moderation）与节制（modesty）等同（它们共同的词根也来自“度”），从而暗示：智者凡事皆有度。

为了说明“度”一词在物理学中的意义，人们可能说“水的度”是在0℃到100℃之间。换言之，度主要表示性质的限度或运动与行为的序的限度。

当然，度必须通过比例或比率来指定。但从古人的观念来看，这种指定对被指定的界限或极限来说只有次要的意义；而且，这里人们可以补充说，这种指定一般甚至不必用量的比例来表述，却是可以用定性的理由表述的（例如，在戏剧中，人的行为的恰当度是用定性的言词而不是用数量比率来指定的）。

在“度”一词的现代用法中，较之于古人更倾向于强调它的定量比例或数字比率的方面。然而，即使在这种用法中，界限或极限的观念仍然存在，尽管存在于背后。例如，为了确定一个标度（如
长度的标度），人们必须建立起事实上就是诸有序线段的极限或界 151
限的种种分割。

对这些词的古时含义和现代含义给予如此的注意，人们就可以对于诸如度这样的一般观念的充分含义获得一定的洞察。这种含义是只考虑在各种科学分析、数学分析和哲学分析中发展出来的更加专门化的种种现代意义所不能提供的。

5.4　从序和度发展而来的结构

如果考虑到上述广义的度，我们可以看到这个观念是怎样同

序观念一同起作用的。例如在图 5.4 中，三角形内的每一条线段的序（如线段 FG）是被线段 AB、BC 和 CA 所限定（即被测度）的。而这些线段本身又是各线段的一种序，这些线段是被其他线段所限定（即被测度）的。于是，这个三角形的形状就以各边之间的一定比例（相对长度）来描述。

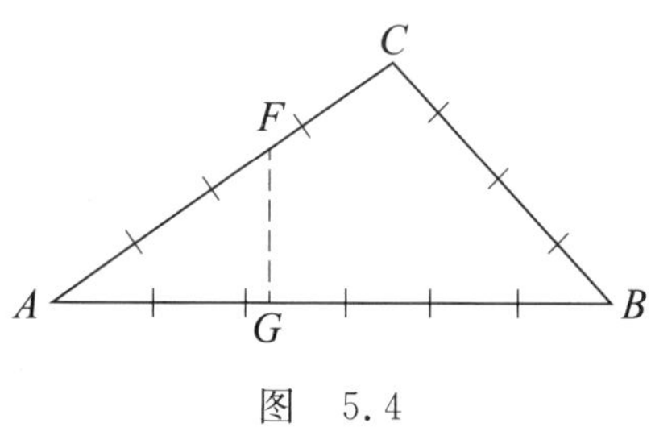

图 5.4

考虑到在更广、更复杂的情况中序和度同时起作用，结构（structure）的观念就应运而生了。如拉丁语词根“struere”所表明的，结构观念的实质含义是建立、生长、进化。现在这个词被当作名词了，但是拉丁语后缀“ura”原来的意思是“做某事的行动”。为
152 了强调我们谈的主要不是一个“完成了的产物”或一种最终结果，我们可以引入一个新词“structate”，意指“创造和消解现在称之为结构的东西”。

显然，变结构（structation）应通过序和度来描述和理解。例如，考虑一座房子的变结构（建造）。砖块以有序而有度（即在一定的极限之内）的方式排列而构成墙；类似地，墙有序而有度地构成房间，房间构成屋子，屋子构成街道，街道构成城市，等等。

因此，变结构包含着一个和谐地组织起来的序和度的总体，它既是等级系统的（即在许多级别上建立起来）又是广延的（即在

每一级上“扩展开来”)。“oranize”(组织化)一词的希腊语词根“ergon”,是以一个意为“起作用”的动词为基础的。所以,人们可以把结构的一切方面看成是在一致地“同时起作用”。

显然,关于结构的这一原理是普适的。例如,诸生物均处于结构的生长和进化的连续运动之中,这种结构是高度有组织的(如,诸分子同时起作用构成细胞,诸细胞同时起作用构成器官,诸器官同时起作用构成生物个体,诸生物个体同时起作用构成生物群,等等)。类似地,在物理学中我们把物质说成是由运动的粒子(如原子)组成的,诸运动粒子同时起作用构成了固体、液体或气体结构,这些结构同样构成了更大的结构,直至构成行星、恒星、星系、星系的星系,等等。这里特别要强调的是,无生命的自然界、生物、社会以及人的交往等等情况中的变结构本质上是动力学的本性(例如,考虑一种语言的结构,它是一个处于永恒流运动之中的组织化总体)。

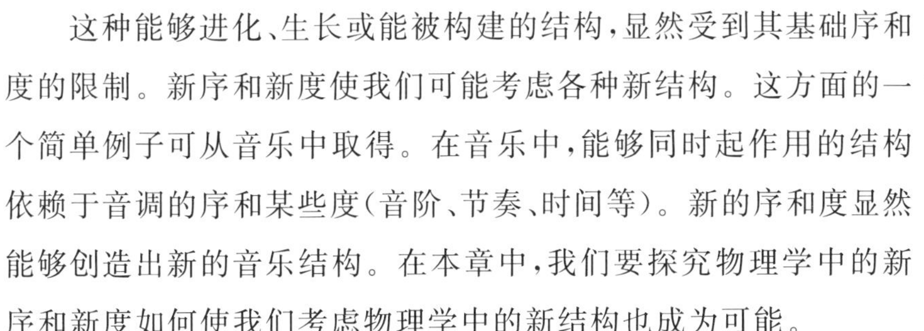

这种能够进化、生长或能被构建的结构,显然受到其基础序和
度的限制。新序和新度使我们可能考虑各种新结构。这方面的一 153
个简单例子可从音乐中取得。在音乐中,能够同时起作用的结构依赖于音调的序和某些度(音阶、节奏、时间等)。新的序和度显然能够创造出新的音乐结构。在本章中,我们要探究物理学中的新序和新度如何使我们考虑物理学中的新结构也成为可能。

5.5 经典物理学中的序、度和结构

如已笼统地指出的那样,经典物理学包含着某种基本的描述性的序和度。笛卡尔坐标的使用以及独立于空间序观念的普适而

绝对的时间序观念，可以作为这种基本的描述性的序和度的特征。这进一步地包含着可以被叫作欧几里得序和度的特征性东西（即欧几里得几何学的特征）。某些结构因这种序和度而成为可能。实质上，这些结构是以被视为是构成元素的准刚体为基础的。经典结构的一般性特征正是任何事物可分解成诸独立部分的可分解性，这些部分或者是较小的准刚体，或者最终被理想化为无广延的粒子。如早先所指出的，这些部分被认为是在相互作用中同时起作用的（如在一部机器中那样）。

于是，就物理学定律是把每一部分的运动与所有其他部分的位形联系起来的意义而言，这些定律表达的是在所有部分的运动中存在着的理由或比率。这种定律在形式上是决定论的，即一个系统唯一的偶然特征是该系统所有部分的初位置和初速度。这种定律也是因果性的，在定律中任何外部干扰都能被处理为原因，这个原因产生一种原则上能传播到该系统的每一部分的可指定的效果。

154 由于布朗运动的发现，人们获得了一些初看起来似乎引发对序和度的整个经典框架表示怀疑的现象，因为人们发现运动在这里是所谓“无限度的序”的东西，而不是由为数不多的几步（例如，初位置和初速度）所确定的。然而，若是假定任何布朗运动都是由于来自更小粒子或随机涨落场的非常复杂的影响所致，那么，以上问题是可以说明的。于是，进一步假定，一旦考虑到这些附加的粒子和场，总定律将是决定论的。这样，序和度的经典观念就可以被调整到能容纳布朗运动，后者至少从表面上看似乎需要用一种完全不同的序和度来描述。

然而，这种调整的可能性明显依赖于一条假设。事实上，即使我们能够追溯某些布朗运动(例如烟粒的运动)至更小粒子(原子)的影响,这也不能证明运动的定律最终具有经典的、决定论的性质,因为总是能够假定:一切运动基本上从一开始就被描述为布朗运动(以使诸如行星一样的大物体的明显连续轨迹只是对于实际的布朗型路径的一些近似)。事实上,许多数学家[尤其是维纳(Wiener)]已经或隐或显地根据视布朗运动为基本的描述①(不把它说成是由于更精细粒子碰撞的结果)来工作。这种想法实际上会导致一种新的序和度。如果认真研究这种想法,就意味着可能发生结构的一种变化;这变化也许像从托勒玫本轮到牛顿运动方程所包含的结构变化一样大。实际上,在经典物理学中,没有沿这条线索认真追寻下去。然而,如在后面我们将看到的,为了对于相对论的相关性的可能极限以及对于相对论和量子论之间的关系获得一种新洞察,对上述线索予以适当的注意或许是有用的。 155

5.6　相对论

序和度的经典观念最早发生的真正裂痕之一,是随相对论而出现的。相对论的根由或许存在于爱因斯坦 15 岁时对自己提的如下问题之中:“一个人如果以光速运动并看着一面镜子,那会发生什么情境呢?”这里指出这一点是很有意义的。显然,他绝不会看到任何东西,因为从他脸部发出的光不能到达镜子。这使爱因斯坦觉得由于某种原因光是基本上不同于其他运动形式的。

① M. Born and N. Wiener, *J. Math. Phys.*, vol. 5, 1926, pp. 84－98; N. Wiener and A. Siegel, *Phys. Rev.*, vol. 91, 1953, p. 1551.

从我们更现代的主流观点来看，由于考虑到我们的构成物质的原子结构，我们可以更多地强调这种区别。如果我们跑得比光还快，那么如简单的计算所表明的，把我们人的原子结合起来的电磁场就会被留在后面(正如当飞机飞得比声音快时，飞机产生的声波留在飞机后一样)。结果，人的原子会消散，我们也就会解体。所以，假设我们能比光跑得快是没有意义的。

然而，伽利略和牛顿的经典序和度的一个基本特征是，人们原则上能赶上并超过任何运动，只要该运动的速度是有限的。可是，如刚才所指出的，这会导致人们荒谬地假定：我们能赶上并超过光。

对于光应被看作是不同于其他运动形式的感知，类似于伽利略所看到的：对于物理学定律的表达来说，空的空间与黏性介质是不同的。在爱因斯坦的例子中，人们可以看到，光的速度不是一个物体所可能具有的速度。相反，光速像不可抵达的地平线。即使
156 我们似乎朝地平线运动，我们绝不能更接近一步。当我们朝一束光线运动时，我们绝不能接近其速度。相对于我们来说，光速始终是同样的 c。

相对论引入了涉及时间的序和度的一些新观念。跟牛顿理论中的情况不一样，这些观念不再是绝对的了。相反，它们现在是相对于某一坐标系的速度而言的。时间的相对性是爱因斯坦理论的根本新特征之一。

在相对论对于时间的新序和新度的表达中，牵涉到语言的一种重大变化。光速不被视为物体的一种可能速度，而被看成是信号(signal)传播的最大速度。在此之前，在物理学的一般基础描述性的序中，信号的观念不起什么作用，但现在它在这方面起着一种

关键作用了。

“信号”(signal)一词包含了“符号”(sign)一词的含义,后者的意思是“指称某物”以及“具有意义”。一个信号实际上是一种交流。所以,在某种意义上,在物理学的一般描述性的序的表达中,意义、含义和交流变得相关的了(正如信息也是相关的一样,但是信息只是交流的内容或含义的一部分)。交流的详尽蕴涵也许还没有被认识到:即人们还没有认识到某些很隐蔽的超越经典力学的序观念是怎样被不言而喻地带进物理学的一般描述框架之中的。

相对论引入的新序和新度包含了结构的一些新观念。在这些新观念中,刚体的概念不能再起关键作用了。事实上,在相对论中不可能获得关于广延刚体的一致定义,因为这会意味着信号比光快。为了在结构的旧观念内包容相对论的这种新特征,物理学家们被迫接受了粒子是无广延的点的观念。但是,众所周知,物理学家们的努力并未产生一般令人满意的结果,因为质点包含着无穷大的场。实际上,相对论意味着:无论是点粒子还是准刚体都不能 157
被看成是基本的概念。相反,它们必须用事件和过程来表述。

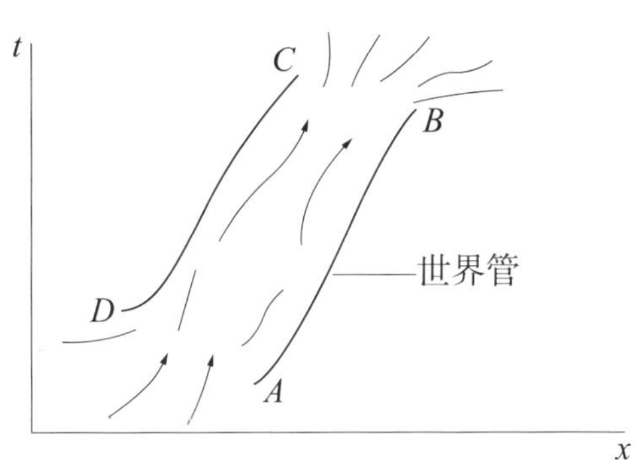

图　5.5

例如，任何可定域的结构都可被看成是一条世界管（见图 5.5）。如管子内许多线条所示，在这根世界管 *ABCD* 内，有一个复杂的过程在进行着。想用“精细粒子”来一致地分析这世界管内的运动是不可能的，因为这些粒子也得被描述为管子，如此下去以至无穷。此外，如 *AD* 前面的线条所示，每根管子是从更广的背景或境况中产生出来的；又如 *BC* 以后的线条所示，每根管子最终将消散以回到背景中去。因此，“物体”是相对不变的形式的一种抽象。也就是说，与其说物体像一个自主而永恒存在的、坚固的分立事物，不如说它更像一种运动图像①。

然而，怎样对这种世界管进行一致的描述的问题迄今仍未解决。事实上，爱因斯坦非常认真地想根据统一场论来获得这种描述。他把整个宇宙的总场作为一种基本描述。这个场是连续的和
158 不可分解的。然后，粒子被看作是从宇宙的总场中抽象出来的，它们对应于一些强场区域（称为奇点）。当至奇点的距离增大时（见图 5.6），总场就变弱，直至它难于察觉地与其他奇点的场融合在一起。但是，任何地方都不存在破缺。因此，世界可分割成为性质不同、相互作用着的部分的经典观念不再是有效的或相关的了。相反，我们必须把宇宙看作是一个未分割和未破缺的整体。分割成粒子、或分割成粒子和场，只是一种粗糙的抽象和近似。这样，我们就获得了一种与伽利略和牛顿的序根本不同的序——未分割的整体性的序。

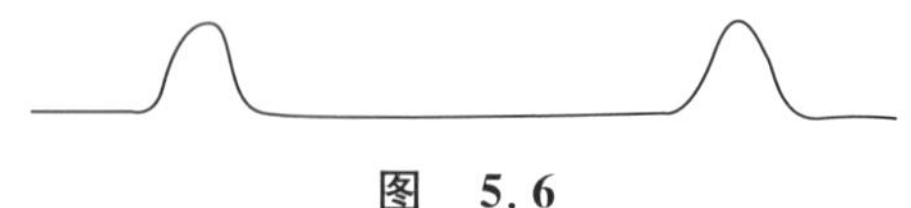

图　5.6

① 在第一章和第三章中曾以另外的观点讨论过这一观念。

爱因斯坦用一种统一场来系统地表述他的描述时，发展了广义相对论。这中间包含了关于序的许多更进一步的新观念。因此，爱因斯坦把连续曲线的任意集合视为可允许的坐标，从而利用曲线的序和度，而不是直线的序和度（尽管在很短距离上，曲线局域地仍是近似的直线）来进行他的工作。通过引力与加速度的等效性原理和利用数学上用来描述曲线坐标“扭转”率的克里斯托费尔符号 Γ^{a}_{bc}，爱因斯坦得以把这种曲线的序和度与引力场联系起来。这种联系包含着需要用非线性方程，即其解不能简单地叠加起来以产生新解的方程。方程的这种非线性特征具有关键的意义，这不仅在于：方程原则上为具有上述类型的稳定类粒子奇点的解开辟了可能性（对于线性方程来说这是不可能的）；而且在于：对 159
于把世界分成不同的、相互作用着的构成部分这一分析问题来说，它也具有非常重要的涵义。

在讨论这个问题时，首先注意到如下事实是有益的，即：“analysis”（分析）一词有希腊语词根“lysis”，这也是英语“loosen”一词的词根，意思是“解散或分解”。例如，一个化学家能把一种化合物分解成为其基本构成部分，然后他能再次把这些构成部分重新组合起来，从而综合（synthesize）出这种化合物。然而，词汇“分析”和“综合”变得不只是对物质进行实际的物理或化学操作，而且涉及到在思想中进行类似操作。例如，我们可以说，经典物理学是这样表述的，即把世界概念地分析成一些构成部分（诸如原子或基本粒子），考虑到它们的相互作用这些部分又被概念地放回在一起，以“综合”成一个总系统。

这些构成部分在空间中可以是分立的（原子即如此），但它们也可以涉及一些并不意味着空间分立的更为抽象的观念。例如，在一个满足线性方程的波场中，可以选择整个波场运动的一组“简正模”，其中每个模都可视为独立于其他模而运动的。于是，人们可分析地把场想象成似乎每一种可能的波动形式都是由那些独立的“简正模”的总和构成的。即使波场满足非线性方程，人们也可仍然近似地用一套“简正模”来分析波场；但是由于存在某种相互作用，这些“简正模”现在必须被看作是相互依赖的。然而，这种“分析和综合”的有效性是有限的，因为一般说来非线性方程的解具有的性质是不能用这种分析来表达的。（如用数学术语，可以这
160 么说，分析所涉及的级数不总是收敛的。）事实上，统一场论的非线性方程一般说来具有这种特点。因此很明显，在非线性理论境况中，不仅利用空间地分立物体来进行分析的观念是不相关的，而且利用在空间中不被视为分立的、更抽象的构成部分来进行分析的观念也是不相关的。

这里注意到分析与描述（description）的区别是重要的。“describe”一词的字面意思是“记下”，但是当我们记下事物时，一般说来并不是指，在这样的描述中所出现的词语实际上能被“分解”或“分离”成一些行为自主的构成部分，然后在综合中把它们再次组合起来。相反，这些词语一般只是一些抽象，视其为自主的和相互分离的东西是几乎没有或完全没有什么意义的。事实上，在一种描述中，首要的相关性是词语怎样通过比率或理由而联系起来。比率或理由唤起人们对于整体的注意，一种描述的意指正是这种比率或理由。

因此，甚至在概念上，一种描述一般也不构成一种分析。相

反，概念分析所提供的只是一种特殊的描述，在其中，我们想象事物能被分割成为有自主行为的部分。然后这些部分又通过相互作用而结合在一起。这种分析性的描述形式一般说来适合伽利略和牛顿的物理学，但是如已指出的，它们不再适合爱因斯坦的物理学了。

尽管爱因斯坦沿着物理学的这一新的思维方向做出了有希望的开端，但他从统一场的概念出发从未能得到普遍一致的令人满意的理论。如前面指出的，物理学家们因此留下这样的问题：试图使旧的把世界分析成无广延粒子的概念适应于相对论的境况，而在这境况中对于世界的这种分析实际上不是相关的或 161
一致的。

在这里考虑到爱因斯坦解决这些问题的方法可能有些不恰当是有帮助的，尽管这种考虑当然只是很初步的。在这个问题上，我们回忆一下 1905 年爱因斯坦的情况是有益的。那一年爱因斯坦写了三篇非常重要的论文，一篇论述光子（光电效应），一篇论述相对论，一篇论述布朗运动。对这三篇论文的详细研究表明：这些论文在若干方面是密切相关的，这就暗示我们，在爱因斯坦的早期思想中他至少默认把这三个主题看成是一个更广的统一体的诸方面。可是，随着广义相对论的发展，他非常强调场的连续性。另外两个主题（布朗运动和光的量子性），涉及某种与连续场观念不和谐的不连续性，就逐渐引退到背景中去，最后多多少少是不予考虑了，至少在广义相对论的境况中是如此。

在讨论这个问题时，先来考虑布朗运动将是有益的。这种运动确实极难用相对论不变的方式来描述。因为布朗运动包含着无穷大的“瞬时速度”，它不可能被限制在光速上。然而，作为一种补偿，布朗运动一般不可能是信号的载体，因为一个信号是对一种“载体”的某种有序调制。这种序是跟信号的含义不能分离的(即改变序就是改变信号的含义)。因此，只有在“载体”的运动是如此有规则和连续以致其序没有被搅乱的境况下，人们才能恰当地谈论一个信号的传播。然而，对于布朗运动来说，它的序的级别是如此高(即通常意义中的“无规”)以致一个信号的意义在其传播中不再保持不变。因此，只要布朗运动的平均速度不大于光速，就没有
162 什么理由说无限序的布朗曲线不能被看作是运动的基本描述的一部分。这样，相对论相关于布朗曲线的平均速度而出现就是可能的了(对于讨论一个信号的传播，这也会是合适的)；尽管在其基本定律会相关于无限高级别的布朗曲线而不是相关于低级别的连续曲线的更广境况中，相对论不会有相关性。发展这样一种理论，显然会包含物理学中一种新序和新度(超越了牛顿思想和爱因斯坦思想)，它将导致一些相应的新结构。

对这些观念进行考虑也许能指出新的和相关的东西。然而，在进一步追寻这种探究之前，最好研究一下量子理论；在这个问题上，量子理论在许多方面甚至比布朗运动更为重要。

5.7 量子理论

在序和度的观念上，量子理论中所包含的变化甚至比相对论中的变化要彻底得多。为了理解这种变化，人们必须考虑这一理论带来的基本意义所具有的四个新特征。

5.7.1　作用量子的不可分性

这种不可分性意味着，定态之间的跃迁在某种意义上是不连续的。因此，说一个系统经历一个连续的相似于始态和终态的中间态序列是毫无意义的。当然，这是与经典物理学完全不同的，后者暗含着：在任何跃迁中都存在一个连续的中间态序列。

5.7.2　物质性质的波粒二象性 163

在不同的实验条件下，物质的行为或者更似波或者更似粒子，但在某些方面，物质的行为总是既似波又似粒子。

5.7.3　物质的性质是作为统计显露的潜在性

每一种物理境遇现在都是以波函数（或者更抽象地说以希尔伯特空间中的矢量）表征的。这波函数不直接相关于某单个物体、事件或过程的实际性质。相反，波函数必须被看作是对于物理境遇内的潜在性的描述①。不同的和一般不相容的潜在性（例如，对于似波行为或似粒子行为）是在不同的实验中得以实现的（致使波粒二象性可以被看作是表达这种不相容潜在性的主要形式之一）。一般地，对于在一个特殊条件下实施的、统计性的相似观测系综中不同潜在性的实现来说，波函数只是给出了概率测度，而不可能详细地预测在每个单一观测中发生什么事情。

这种不相容潜在性的统计决定论观念，显然跟经典物理学的

① 关于这一问题的讨论请参阅 D. Bohm，*Quantum Theory*，Prentice-Hall，New York，1951。

决定论观念很不同。经典物理学中没有让潜在性观念起基本作用的余地。在经典物理学中,人们认为:在一定的物理境遇中,只有一个系统的实际状态是相关的;概率之所以出现或者是因为我们对实际状态无知,或者是因为我们对于分布在一个条件域中的一个实际状态系综取了平均。在量子理论中,离开实现一个系统的实际状态所必不可少的整套实验条件去讨论一个系统的实际状态是毫无意义的。

164 5.7.4 非因果关联(爱因斯坦-波多尔斯基-罗森佯谬)

由量子理论可以推断,在空间中分离并且不可能通过相互作用来联系的事件是关联的;这在某种程度上表明,不可能用其速度不比光速大的效应传播对此作详细的因果解释①。因此,量子理论是跟爱因斯坦研究相对论的基本方法不相容的;在爱因斯坦方法中,实质性的东西是:这种关联应该用其速度比光速小的信号传播来说明。

所有这些明显地意味着:量子理论出现前所流行的一般描述序崩溃了。这种"前量子"序(pre-quantum order)的极限,事实上已由不确定关系非常清楚地表示出来了,后者通常是根据海森伯著名的显微镜实验来说明的。

我们现在就来讨论这个实验。为了阐明某些新东西,我们所用的方式与海森伯采用的方式略有不同。第一步,我们考察一下对位置和动量进行一次经典测量是什么意思。在此考察中,我们

---

① 关于这种效应的广泛讨论请参阅 D. Bohm,*Quantum Theory* 的第 22 章;关于这个问题的一个后来的观点请参阅 J. S. Bell,*Rev. Mod. Phys.*,vol. 38,1966,p. 447。

考虑采用一台电子显微镜，而不用一台光显微镜。

如图 5.7 所示，有一个“被观测的粒子”在靶子的 O 位置上，假定该粒子的最初动量为已知(例如，它也许处于静态，其动量为零)。当已知能量的许多电子投射在靶子上时，其中的一个电子被 O 点的粒子所偏转。该电子穿过电子透镜，沿着轨道到达焦点 P。当这个电子从 P 出发进入感光乳剂时，它就在某一方向上留下一条轨迹 T。

165

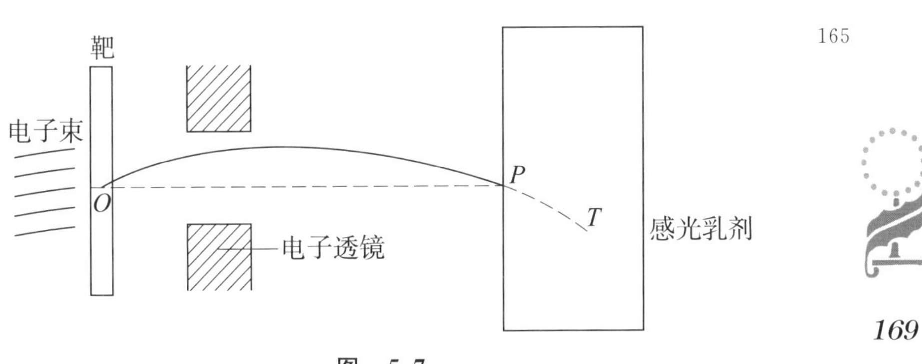

图　5.7

现在，这个实验中直接可观测的结果是位置 P 和轨迹 T 的方向，但是这些东西本身并不重要。只有知道了整体实验条件(即电子显微镜的结构、靶子、入射电子束的能量，等等)，实验结果在物理学探究的境况内才变得有意义。借助于对这些条件的适当描述，人们就能运用实验结果来推断 O 处“被观测粒子”的位置，以及被观测粒子在偏转入射电子过程中传递到自身的动量。这样，尽管仪器操作的确影响到被观测粒子，但由于这种影响能被考虑到，因此我们能够推断并从而“知道”这个粒子在偏转入射电子时的位置和动量。

在经典物理学境况中，所有这些都是十分直截了当的。海森伯迈出的崭新一步是考虑到把实验结果与从实验结果中推断出来的东西“连结”起来的电子的“量子”特征所具有的蕴涵，这个电子不再能被描述成只是一个经典粒子了。相反，如图5.8所示，它也必须用“波”来描述。电子波被说成是入射在靶子上，并被O点的原子所衍射的。

接着，电子波穿过电子透镜，在那里它们进一步被衍射，最后在P处焦聚于感光乳剂上。以此为起点开始一条轨迹T（正如经典描述中所发生的那样）。

166

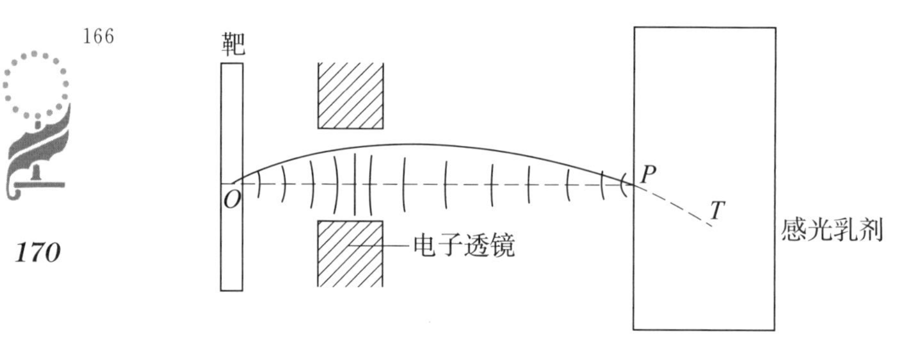

图 5.8

显然，海森伯引入了本节开头提及的量子理论的四个最主要的特征。例如（如在干涉实验中也会发生的那样），他既把连结电子描述成波（当电子从物体O通过透镜到达P处的像时），又把它描述成粒子（当它到达P点并留下轨迹T时）。在O处转移给“被观测原子”动量的过程必须被视为不连续的和不可分的。在O和P之间，对于连接电子的最可能详尽的描述，是用只确定潜在性的统计分布的波函数来描述的，而潜在性的实现依赖于种种实验条件（例如，乳剂中存在有感光的原子，它们能揭示这个电子）。

最终，各种实际结果（点 P、轨迹 T 和原子 O 的性质）是以本章前面提及的非因果方式相关联的。

在讨论“连结”电子的过程中，运用量子理论的所有上述基本特征，海森伯得以证明，对被观测物进行推断的精确性是有极限的，这极限由不确定性关系（$\Delta x \times \Delta p \geqslant h$）给出。起初，海森伯把这种不确定性解释为是由 O 和 P 之间的“连结电子”的精确轨道 167 具有“不确定”特征所致，当连结电子被散射时这种不确定性也意谓着原子 O 的一种不确定“干扰”。然而，玻尔[1]对全部情形进行了相对彻底而一致的讨论，讨论清楚地表明：量子理论的上述四个基本特征是跟用精确规定的轨道（我们“不能确知”这些轨道）进行的任何描述不一致的。因此，在这里我们不得不跟物理学中一种全新的境况打交道。在新境况中，详细的轨道概念不再有什么意义。相反，人们或许能说，在 O 和 P 之间由“连结”电子产生的关系类似于定态之间的不可分割和不可分解的“量子跃迁”，而不是类似于一个粒子穿过 O 和 P 之间的空间的连续却不能准确知道的运动。

那么，对海森伯实验进行的描述有什么重要性呢？很明显，只有在经典物理学适用的领域内，才能以这样的方式来清楚地论述海森伯实验。因此，这种论述至多能够指出经典的描述模式的相关性极限，实际上它不可能提供一种关于“量子”境况的清晰描述。

然而，即使我们是这样考虑问题的，关于海森伯实验的通常论述还是忽略了某些具有深远意义的关键点。为了弄明白这些关键

[1] N. Bohr, *Atomic Theory and the Description of Nature*, Cambridge University Press, 1934.

点是什么，我们注意到，根据一组特殊的由显微镜结构等规定的实验条件，人们大致可以说，经典描述的适用性极限是由这物体的相空间中的某个确定的相胞所指示的。这一相胞如图 5.9 中的 A 所示。然而，如果存在一组不同的实验条件(例如，显微镜的孔径不同，电子的能量不同等)，那么，这些极限必定会由相空间中的另一相胞所指示，即由图中的 B 所指示。海森伯强调说，两个相胞必有相同的面积 h；但他没有同时考虑到两个相胞的“形状”不同这一事实的重要性。

168

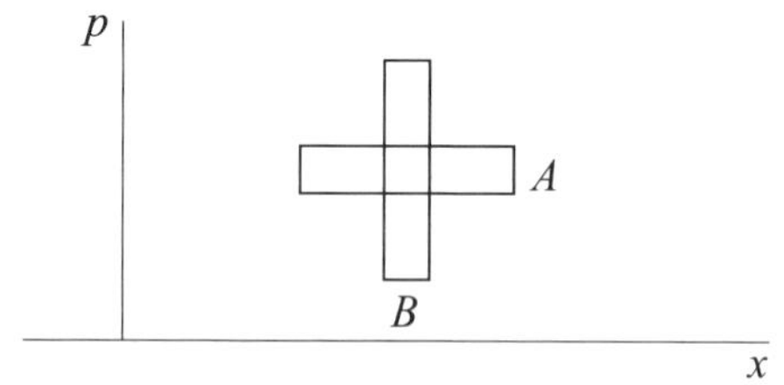

图　5.9

当然，在经典力学的境况内(在其中跟普朗克常量 h 同数量级的量可予忽略)，所有相胞都能够被无维度的点所代替，所以它们的“形状”，根本没有什么意义。因此，种种实验结果可说成是仅容许对被观测物进行推论；相胞的“形状”，从而实验条件的各种细节只起着推理链条中的中间环节的作用，它们从推论出来的最终结论中抽出去了。这意味着，不论被观测物是否与其他事物(如观测仪器)相互作用，它都可被看作“具有”某些性质，就这种意义而言，它能始终被说成是分离和独立于观测仪器而存在的。

然而，在“量子”境况内，情况就完全不同了。在这里，作为被观测粒子之描述的不可缺少部分，相胞的“形状”仍是相关的。因此，除非同时描述实验条件，否则被观测粒子不可能得到恰当的描述；如果人们根据量子理论的定律进行详细的数学处理，那么离开了对“连结电子”波函数的详细指明就不可能详细指明“被观测物” 169
的“波函数”；而前者则需要一种对于全部实验条件的描述。（所以，被观测物和观测结果之间的关系，实际上是爱因斯坦、波多尔斯基和罗森指出的那种类型的关联的例子之一，这种关联是不能用作为一连串因果影响的信号传播来解释的。）这就是说，关于实验条件的描述不应仅作为推论的中间环节而被抽走，而是跟对于所谓的被观测物的描述不可分离的。因此，“量子”境况需要一种新的描述，这种描述不把“被观测物”与“观测仪器”分离开来。相反，实验条件的形式和实验结果的意义现在必定是一个整体，把这个整体分解成为一些自主存在的元素是不相关的。

唤起对于一个图案（如一张地毯中的图案）的注意，可以隐喻地说明这里的整体性所指的意义。就相关的是这一图案而言，说这一图案的不同部分（如在地毯上可以看到的各种花和树）是处于相互作用中的分离物，那是没有意义的。类似地，在量子境况中，人们可以把“被观测物”、“观测仪器”、“连结电子”、“实验结果”等术语，看作是事实上由我们的描述模式抽象出来或“指出来”的单一总“图案”的不同方面。因此，谈论“观测仪器”和“被观测物”的相互作用是没有意义的。

这样，量子理论中所需要的描述序的一个核心变革，是抛弃把世界分析成分离存在但处于相互作用之中的相对自主的部分的观点。相反，现在首先需要强调的是未分割的整体性，在此整体中观测仪器与被观测物是不可分离的。

虽然量子理论与相对论完全不同，但在更深的意义上，它们共
170 同蕴涵着这种未分割的整体性。例如，在相对论中，对仪器的一致描述必须用场中奇点（对应于现在一般叫作仪器的“构成原子”的东西）的结构来进行。这些仪器会与构成“被观测粒子”的奇点的场融合起来（最终与“构成人类观测者的原子”的场融合起来）。这种整体性不同于量子理论所指的整体性，但是在观测仪器和被观测物之间不能进行最终的分割这一点上它们是相似的。

可是，尽管有这种深刻的相似性，还是不能以一种一致的方式把相对论和量子理论统一起来。其主要的原因之一是，没有一致的手段把广延结构引入相对论之中，致使粒子必须被看作是无广延的点。这已导致在量子场的理论计算中出现了无穷大的结果。借助各种形式算法手段（如重整化、S 矩阵等等）能从理论中得出某些有限的和实质上正确的结果。然而，归根到底，这种量子场理论仍然是不能令人满意的：这不只因为它包含至少看起来有严重矛盾的东西，也因为它确实具有一些任意的、能够适应任何事实的特征。这有点使人想到这样一种方式：它使托勒玫本轮几乎能容纳任何观测数据，而这些数据也许出自于这种描述框架的应用之中（例如，在重整化过程中，真空态波函数有无穷多个任意特征）。

然而，在这里详细地分析这些问题是没有多大帮助的。相反，对于几个一般性困难唤起注意将更有用，对这些困难的审视或许能表明：在现在讨论的境况内，这些细节不是很相关的。

171 首先，量子场论是从场 $\Psi(\boldsymbol{x},t)$ 的定义开始的。这个场是一个量子算符，但 $\boldsymbol{x}$ 和 t 描述的是时空中的连续序。为了更详细地表明这点，我们可以写出矩阵元 $\Psi_{ij}(\boldsymbol{x},t)$。然而，一旦我们施加

了相对论不变性，我们就能推导出“无穷涨落”，即由于“零点”量子涨落，$\Psi_{ij}(\boldsymbol{x},t)$一般是无穷的和不连续的，这是跟任何相对性理论中所有函数都要求连续性的最初假定相抵触的。

对于连续序的强调是相对论的严重缺陷（如上一节所指出的）。然而，如果我们处理不连续序（如布朗运动中的序），那么，信号的观念（以及相关的以光速为极限的观念）便不再是相关的了；而去掉了信号观念的基本作用，我们就能再次自由地让广延结构在我们的描述中发挥主要作用。

当然，从平均和长期来看，光速极限将成立。因此，相对论观念在适当的极限情形中是相关的。但是，相对论无需直接强加给量子理论。正是把一种理论的基础描述序强加给另一种理论，才导致武断性特征和各种可能的矛盾。

为了弄明白这种情况是怎样发生的，我们注意到：赋予从一个区域点到另一个区域点的信号传播可能性以基本作用，如果这种相对论观点是有意义的，那么，信号源必定是明显地同它被接收的区域分离的：它们不仅在空间上是分离的，而且就两者在其行为上必须是自主的意义而言也是分离的。

例如，如图 5.10 所示，如果一个信号从源 A 的世界管中发射出来，那么它必定会不改变序地连续传播到接收器世界管 B。可是，在描述的量子层次上，根据不确定性原理，在世界管 A 和 B 中发生的事件的时间序，不可以再以通常的方式来定义了。这就足以使信号概念变得没有意义。此外，信源世界管 A 和接收器世界管 B 在空中明确分离的观点，以及它们在行为上可能是自主的观点也不再是相关的了，因为，A 和 B 之间的“接触”，现在必须被看成是跟原子在定态之间的一次不可分割的量子跃迁相似的。而且,沿着爱因斯坦-波多尔斯基-罗森实验的线索去进一步发展这种观点就会导致如下推论:世界管 A 和 B 之间的联系,一般不可能用因果影响的传播来描述(这种类型的传播显然必须提供这一信号的潜在"载体")。

172

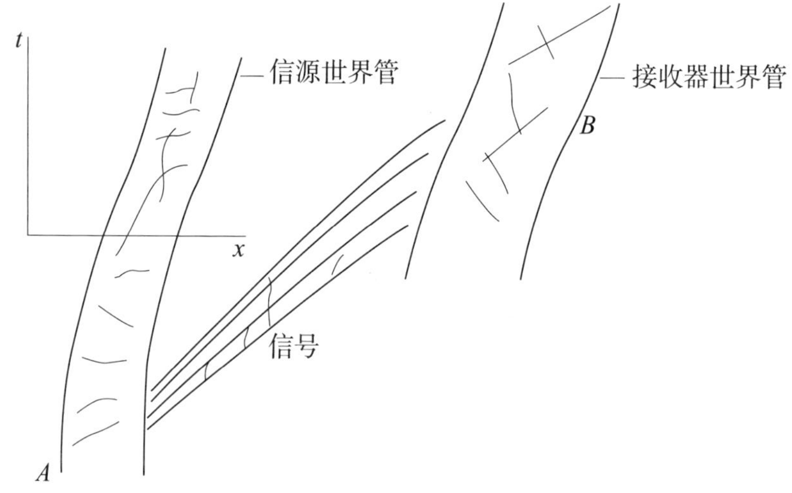

图 5.10

于是似乎很清楚,相对论的信号观念简直不适合于"量子"境况。这基本上是因为:这种信号包含着某种分析的可能性,而这与量子理论所指的未分割的整体性是不相容的。在这点上确实可以说,虽然爱因斯坦的统一场论否定了能够把世界最终分解成自主
173 的构成部分的观点,然而让信号可能起基本作用的观念则包含着一种不同然而更抽象的分析,这种分析是以不同区域内有不同的独立自主的"信息内容"为根据的。这种抽象的分析也许不仅与量子理论不一致,而且完全可能与相对论在其他方面所包含的未分

割的整体性观念不一致。

于是，这里所提示的就是，我们要认真考虑这样的可能性，即把信号观念起基本作用的思想抛弃掉，但保留相对论的其他方面(特别是关于定律是不变关系的原理，以及关于用方程的非线性或其他方法把世界分解成自主的构成部分将不再相关的原理)。这样，放弃了这种跟“量子”境况不协调的分析附庸，我们就为新理论的出现开辟了道路；这种新理论包括了相对论中仍然正确的东西，但它也不否认量子理论所包含的不可分割的整体性观念。

另一方面，量子理论也隐含着某种非常抽象的分析附庸，这种抽象分析是跟相对论所包含的不可分割的整体性观念不一致的。为了弄明白这是怎么一回事，我们注意到，围绕海森伯显微镜而展开的那些讨论都只是强调，在实验的实际结果中观测仪器和被观测物的不可分割的整体性。可是在数学理论中，波函数一般仍然被看作是对于被视为分立自主的存在的潜在性总体的一种统计描述。换言之，经典物理学中的实际个体物被一种较抽象的潜在统计物所取代了。后者被说成是对应于“系统的量子态”，而“系统的量子态”又被说成是对应于“系统的波函数”(或者更一般地说，对应于希尔伯特空间中的一矢量)。这种语言用法(例如，引入“系统 174
的态”之类的词语)意味着我们想到的是分立自主的存在。

在很大程度上，如此使用语言的一致性取决于波动方程[即决定着波函数(或希尔伯特空间的矢量)随时间的变化的定律]是线性的这一数学假设。(场算符的非线性方程已经提出来了，但“希尔伯特空间中的态矢”的基本方程始终被看成是线性的，就此意义而言，即使在这里，场算符的非线性方程也只是一种有限的非线

性。)于是,方程的这种线性允许我们把“态矢”看作是某种自主的存在(在某些方面,这跟经典场论中赋予正交模式以自主的存在相类似,不过“态矢”更为抽象罢了)。

只有当一个系统没有被观测时,才能期望该系统“量子态”的完全自主性保持下去。在一次观测中,假定我们必须跟已经发生相互作用的两个初始自主的系统打交道①。其中一个自主系统用“被观测物的态矢”描述,而另一个自主系统用“观测仪器的态矢”描述。

在考虑这种相互作用时,一些新的特征被引进来了。这些新特征对应于允许这样的可能性:即被观测系统的潜在性可能以不能同时实现其他潜在性为代价而实现出来。(在数学上,人们可以说“波包被压缩了”或“发生了一次投影操作”。)

关于怎样准确地处理量子观测问题,存在大量的争议和讨论,因为其中涉及的基本观念似乎不很清晰。然而,我们这里的目的不是要详细地批评这些努力。而是,我们只希望指出:在抽象的统计潜在性的层次上,这条总的探索路线重新确立了在更具体的个体层次上遭到了否定的那样一种把世界分解成处于相互作用之中
175 的分立而自主的构成部分的分析。正是这种抽象的分析与相对论基本的描述序不相符,因为,如已看到的,相对论与把世界分析成分离的成分这一做法是不相容的。相反,相对论最终意味着,这些“物体”必须被理解为相互融合起来(如场的奇点那样)以构成一个不可分割的整体。同样,人们可以考虑这样的观念:通过彻底的非

① J. von Neumann, *Mathematical Foundations of Quantum Mechanics*, Princeton University Press, 1955.

线性(nonlinearity)或某种别的方式,量子理论可以容许有所改变,致使所得到的新理论也包含着不仅在实际的个体现象层次上而且在用统计集合所处理的潜在性层次上不可分割的整体性。这样一来,量子理论中那些仍然有效的方面将会同相对论中那些仍然有效的方面协调起来。

然而,既要放弃信号的基本作用,又要放弃量子态的基本作用,并不是一件小事。要找到一种没有信号和量子态的有作为的新理论,显然需要一些关于序、度和结构的崭新观念。

这里人们可以提议说:在某种意义上,我们现在处于类似于伽利略开始他的研究时所处的位置。大量工作已表明:旧的观念是不适宜的,这些观念只允许一大堆新事实在数学上与之相适应(这可与哥白尼、开普勒和其他人所做的工作相比较),但是我们还没有彻底摆脱运用语言和观测的旧的思维序。因此我们还得领悟新序。正如伽利略所面临的一样,这涉及看出种种新差别来,以便发现在旧观念中被认为是基本的大量东西具有或多或少的正确性,但不具有首要相关性(例如,亚里士多德的有些主要思想就是这样)。一旦我们看出了新的基本差别,我们(如牛顿那样)就能领悟出一种新的普遍比率或理由来把所有的新差别联系和统一起来。
最终,这可能使我们远远超越量子理论和相对论,就像牛顿的思想 176
超越了哥白尼的思想一样。

当然,这是不能一蹴而就的。我们必须做耐心、细致的工作,以新的方式去理解物理学现在的一般状况。关于这个问题的一些初步设想将在第六章中讨论。

177 第六章 量子理论是物理学中新序的一种征兆

——物理学定律中的隐缠序和显析序

6.1 引言

第五章唤起对于整个物理学史中出现种种新序的注意。这一主题发展的一个普遍特征是，倾向于把序的某些基本观念看成是永恒不变的东西。于是，物理学的任务被认为是通过这些基本的序观念内部的调整来适应新的观察材料，以便符合种种新的事实。这种内部调整始于托勒玫本轮，它从古代一直延续到哥白尼、开普
178 勒、伽利略和牛顿工作的问世。经典物理学的基本序观念被非常清楚地表达出来后，人们就认为物理学进一步的工作便是进行这种序内部的调整，以适应新的事实。这种情况一直持续到相对论与量子理论的出现。准确地说，从那时起物理学工作的主流就一直是对作为相对论和量子理论基础的一般序进行内部调整，以便适应相对论和量子理论本身揭示出来的事实。

因此可以推断：在已存在的序的框架内适应新东西，通常被认为是物理学中所强调的主要活动；而对于新序的感知一直被认为是偶然发生的东西，或许在革命时期才会发生，在这一时期内所谓

的正常适应过程瓦解了①。

考察一下皮亚杰(Piaget)②用适应(accommodation)与同化(assimilation)这两个互补的运动来对一切智力感知进行的描述,是贴切于本主题的。词根"mod"意指"尺度",而"com"意指"共同的"。由此人们看到,适应的意思是"制定一个共同的尺度"(参见第五章关于度观念的广泛含义的讨论,它与这里的内容是相关的)。适应的实例是合适、按某图式裁剪、调整、模仿、遵从种种规则,等等。另一方面,"同化"则是"消化",或是构成一个广博和不可分割的整体(包括自身在内)。因此,同化意指"理解"。

显然,在智力感知中,首要强调的一般是同化;就适应的主要作用在于辅助同化的意义而言,适应往往是发挥相对次要的作用。

当然,在某些境况中,我们恰好能适应我们在已知的思维序内观察到的东西。在此行动中,这种东西被恰当地同化了。然而,在更通常的境况中必须认真注意这种可能性:即旧的思维序可能不 179
再是相关的了,以致不能再一致地调整来适合新事实。于是,如第五章已较详细地说明的那样,于是人们可能必须看到旧差异的不相关性和新差异的相关性。这样,人们就可能开辟感知新序、新度和新结构的途径。

显然,这种感知几乎在任何时候都能适当地发生,而不必局限在人们发现旧序再也不能适应新事实的非常时期和革命时期。相

① 关于这个观点的清晰介绍,请参阅 T. Kuhn, *The Nature of Scientific Revolutions*, University of Chicago Press, 1955。

② J. Piaget, *The Origin of Intelligence in the Child*, Routledge & Kegan Paul, London, 1956.

反，人们可以随时准备在各种境况（广义的或狭义的）中抛弃各种旧的序观念，去感知在这些境况中可能相关的新观念。因此，通过将其同化进新序之中的方式来理解事实，或许能够称为从事科学研究的正常方法。

显然，用这种方法进行工作是对类似于艺术感知的东西给予首要的强调。艺术感知始于观察包容全部个体性的整个事实，然后逐渐地明确表达出适合用来同化这个事实的序。至于序必须是什么，人们一开始并不具有抽象的、随后被调整到被观察的序的先入之见。

那么，在已知的理论序、理论度和理论结构内，适应事实的正确作用是什么呢？这里重要的是注意到，不应该认为事实好像是我们可以在实验室中发现或拾起的独立存在的客体。相反，如“facere”这个词的拉丁语词根表明的，事实（fact）是“已经被创造出来的东西”（如“制造品”一样）。因此，就某种意义而言，我们“创造”事实。也就是说，始于对于一种实际情况的直接感知，然后我
180 们通过借助种种理论概念赋予这种感知以更进一步的序、形式和结构来发展这个事实。例如，利用古代流行的序观念，人们被引导以用本轮来描述和量度行星运动的方式“创造”事实。在经典物理学中，事实是按照行星轨道的序（用位置和时间度量）来“创造”的。在广义相对论中，事实是按照黎曼几何的序和诸如“空间的弯曲”等概念中所包含的度来“创造”的。在量子理论中，事实是按照能级、量子数、对称性群等的序以及适当的度（如散射截面、粒子的电荷与质量等）来“创造”的。

于是很清楚，理论中的序和度的改变最终导致新的实验方式

和新类型的仪器的出现。反过来，后者又导致“创造”出相应的新类型的序化和度量的事实来。在这个发展中，实验事实当初是用来检验种种理论观念的。因此，如第五章已指出的，理论说明的一般形式是理由或比率的推广形式。“正如在我们的思维结构中 A 伴随着 B 一样，事实也是如此。”这种比率或理由在理论与事实之间形成了一种“共同的度”或“适应”。

一旦这种共同的度流行起来，所使用的理论当然无需改变了。如果发现共同的度不能实现，那么，第一步是看看是否能够不改变该理论的基本序而只在理论内部进行调整来重建共同的度。如果经过适当的努力还不能达到这种适应，那么，所需要的便是对于这整个事实的一次独特的感知。现在，这事实不只是包括种种实验结果，而且也包括在某“共同的度”上该理论的某些方面不能适应实验结果这一情况。于是，如早已指出的那样，人们必须十分敏感

地意识到位于旧理论的主要序之下的所有相关的差异，看看是否 181
有余地让总体序改变。这里应强调的是，这种感知应该恰当地、接连不断地同旨在达到适应的各种活动紧密结合起来，而不应该被迫推迟太久以致整个情况变得混乱不堪。混乱局面的清除，明显地需要对旧序进行革命性的破坏。

正如相对论和量子理论已经表明的，把观测仪器同被观测物区分开来是没有意义的；这里的考虑表明，把被观测的事实（以及观测时所使用的仪器）同有助于“造就”该事实的理论序观念分离开来也是没有意义的。一旦我们进一步发展了超越相对论和量子理论的新序观念，试图把这些观念直接运用于目前考虑的实验事实所产生的流行问题之中，那是不适宜的。相反，在这一境况中，

人们所要求的是十分广泛地把物理学中的全部事实同化到关于序的新的理论观念之中。在它被普遍“消化”以后，我们才能着手发现可用来检验、或许能沿不同的方向加以扩展这些新序观念的新方法。如第五章末所指出的，我们在这里必须耐心地循序渐进，否则就可能被“没有消化的”事实弄糊涂。

这样，事实和理论被看成是一个整体的不同方面，把这个整体分解为分离然而相互作用的部分是不相关的。也就是说，未分割的整体(undivided wholeness)不只是包含在物理学内容之中(在相对论和量子理论中尤其显著)，而且包含在物理学的工作方式之中。这就意味着，我们不能总是强迫理论去适应那些在流行公认的一般描述序看来可能是适宜的事实，我们还须准备好必要时考
182 虑事实涵义的变化。为了把这事实同化进新的理论序观念之中，
也许需要这种考虑。

6.2　未分割的整体——透镜与全息

上面指出的观察模式、仪器使用模式和理论理解模式的未分割的整体性，意味着需要考虑一种新的事实序(new order of fact)：在这种新序中，理论理解模式跟观察模式与仪器使用模式相互联系起来了。到目前为止，我们或多或少把这种联系看成是理所当然的，而没有认真注意这种联系产生的方式，这很可能是由于我们以为对于这一主题的研究与其说属于“科学本身”，倒不如说属于“科学史”。然而，现在要指出，考虑这种联系对于适当地理解科学本身来说是必不可少的；因为被观测事实的内容不可能逻

辑一致地被看成是跟观察模式、仪器使用模式、理论理解模式相分离的。

通过对于透镜的一番考虑，可以看到仪器使用与理论之间关系密切的一例，这种关系实际上是现代科学思想发展背后的一个关键特征。如图 6.1 所示，透镜的实质特征是：透镜成像，即物中一给定点 P（以高度的近似）对应于像中的点 Q。通过如此尖锐地突出物特征和像特征的一致性，透镜大大地强化了人们对于物的各部分以及这些部分的关系的知觉。以这种方式，这种知觉促进了用分析和综合来思维的倾向。而且，这使得一种巨大的扩展成为可能，即把分析与综合的经典序扩展到那些太远、太大、太小或运动太快以致无法借助视觉手段来序化的物体中去。结果，科学家们被鼓励去外推他们的思想，认为不管走得多远，在一切可能的条件下和一切可能的境况和近似程度内，这种方法都是相关的和有效的。

183

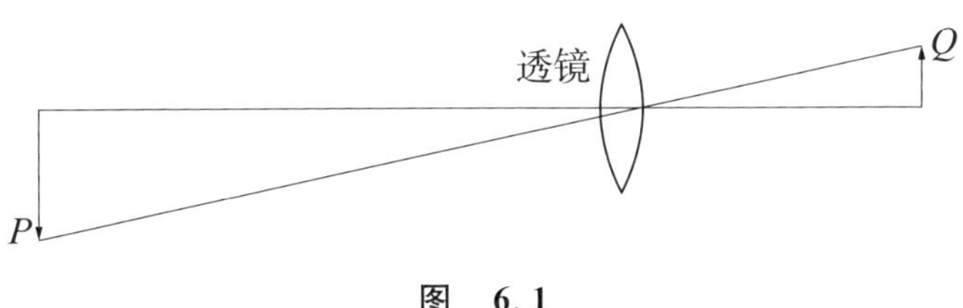

图　6.1

然而，如在第五章中已看到的，相对论和量子理论包含有未分割的整体，在这整体中，分解成为不同然而是完全确定的部分的不再是相关的了。正如透镜曾为系统分解成部分的意指提供过洞察手段一样，是否有一种仪器能够帮助人们直接洞察到不可分的整体性的意指呢？我们这里提示：考察一下全息（hologram），便能获得这种洞察。[“holoram”这个词来自希腊语“holo”(意指全体)和“gram”(意指写下)。因此,全息是一种能“写下整体”的仪器。]

如图 6.2 所示,从激光器中产生的相干光穿过半镀银镜。这束激光的一部分直接射到感光板上,而另一部分被反射从而照亮了某一整体结构。从整体结构中反射的光也到达感光板,在那里跟直射下来的光相互干涉。结果,被记录在感光板上的干涉图样不只是非常复杂,而且通常是如此精细以致肉眼无法看清。然而,它却以某种方式跟整个被照亮的结构相关,尽管只是以一种高度隐蔽的方式。

184

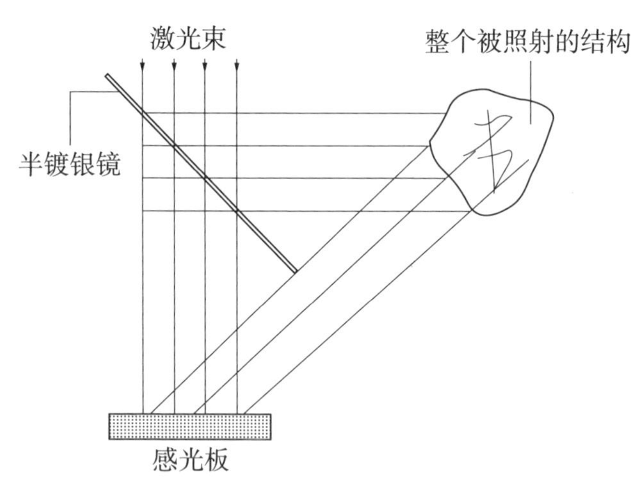

图 6.2

当感光板被激光照亮时,干涉图样与整个被照亮结构的相关性就被揭示出来了。于是如图 6.3 所示,一个在形式上与从原来被照亮结构出来的波阵面相似的波阵面产生了。这样,人们用眼睛实际能在允许的视野内(好像是通过一扇窗户)立体地看到原来的整个结构。即使只照亮感光板的一个小区域 R,我们仍看到整个结构，不过在细节上不那么分明，允许的视野也变小了（仿佛是通过一扇小窗户去看的）。

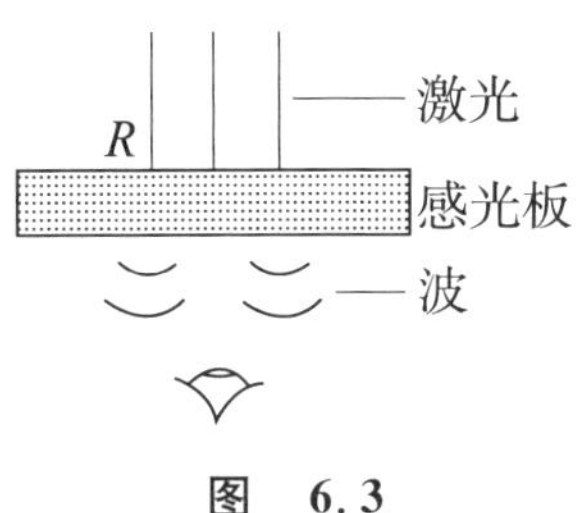

图　6.3

于是显然，“被照亮物”的各部分和“感光板上物的像”的各部分之间不存在一一对应关系。毋宁说，感光板上的每个小区域 R 中的干涉图样是与整个结构相关的，而整个结构的每一区域又是与感光板上的整个干涉图样相关的。

由于光的波动性，即使是透镜也不能形成准确的一一对应。因此，透镜可以看作是全息的一种极限情况。

可是，我们可以进而说，就指明观察意义的一切方面而言，物理学中现在所做的典型实验（特别在“量子”境况中）与其说像透镜这种特殊情况，不如说更像全息这种一般情况。例如，考察一下散射实验。如图 6.4 所示，在探测器中所能观测的东西一般是与整个靶子相关的，或者至少是与一块足以包含大量原子的大区域相关的。

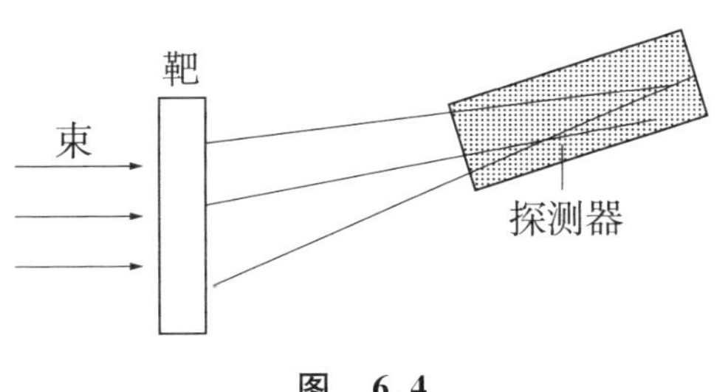

图　6.4

而且，虽然原则上人们可以试图得到一个具体原子的图像，但是量子理论认为那样做是没有多少意义或根本没有意义的。实际上，如第五章讨论海森伯的显微镜实验时所表明的，在“量子”境况中，成像恰好是不相关的；关于成像的讨论至多是用来指出经典描述模式的种种应用局限。

186 因此，我们可以说，在当前的物理学研究中仪器往往与整个结构有关，在某种程度上这跟全息中所发生的情况十分类似。诚然，存在某些差异。例如，在流行的电子束或X射线实验中，X射线在可觉察的距离上几乎是不相干的。然而，如果证明有可能发展某种像电子激光器或X射线激光器那样的东西，那么，就像全息直接揭示出常规大尺度结构那样，实验将直接揭示出“原子的”和“原子核的”结构，而无需现在一般所需要的那种复杂的推论链。

6.3 隐缠序与显析序

这里所提示的是，关于透镜与全息之间差异的考虑，对于感知相关于物理学定律的新序能起到一种重要作用。正如伽利略注意到黏性介质与真空之间的差异、看到物理学定律主要应该涉及真空中物体运动的序一样，现在我们也可以注意到透镜与全息之间的差异、考虑到这样一种可能性：物理学定律主要应该涉及的是如全息所指示的一种未分割的整体性的序，而不是由透镜所指示的把这种内容分解为分离的部分的序。

然而，当亚里士多德的运动观被抛弃之后，伽利略及其追随者不得不考虑怎样适当详细地描述新的运动序的问题。答案是采用笛卡尔坐标,并扩展到微积分语言(微分方程,等等)。但是,这种对自然的描述只适合于那种跟分解成不同和自主的部分相关的境况,因此,到头来也必将被抛弃。那么,什么是适合于当前境况的 187
新描述呢?

跟笛卡尔坐标和微积分的情况一样,这样的问题是不可能直接用关于要做什么的明确处方来回答的。相反,人们必须更广泛地和尝试性地观察这个新领域,“感觉出”新的相关特征可能是什么。对于新序的一种识别将从中登台亮相,这种识别将以自然的方式清晰地表达和拓展出来(就这种序应能达到的目的而论,它并不是力图使这种序去适应明确规定好的预想观念的产物)。

这样一种探究可以这样开始,即我们注意到:在某种微妙的、不出现于通常视觉之中的官能感知中,人们能够辨认出整个感光板上的干涉图样的整个被照亮结构中的不同序和度。例如,被照亮结构可能包括一切外形与一切大小的几何形状(如图 6.5a 所示)以及诸如内与外(如图 6.5b 所示)和交叉与分离(如图 6.5c 所示)之类的种种拓扑关系。所有这一切导致种种有差异的干涉图样,需要以某种方式加以详细描述的正是这种差异。

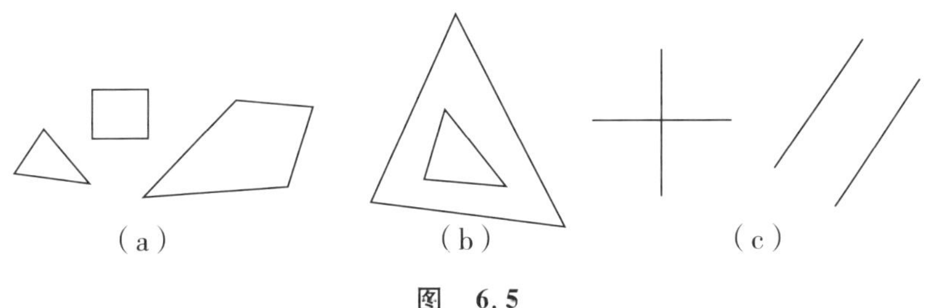

图　6.5

但是,上面指出的差异不只是感光板上的差异。感光板的作

用只是相对持久地“书面记录”呈现在每个空间区域中的光的干涉图样，就这一意义而言，感光板确实只具有次要的意义。然而，更
188 一般地，在每一空间区域中光的运动都隐含了跟整个被照亮结构相适应的巨大差异的序和度。实际上，这种被照亮结构原则上应扩展到整个宇宙和整个过去以及隐含着的整个未来。例如，考虑一下：我们是怎样通过观察夜空而辨认出那些覆盖无限扩展的空间与时间的结构的；在某种意义上，这些结构被包含在眼睛所环抱的细小空间中的光的运动之中（再考虑一下：诸如光学和无线电望远镜之类的仪器，怎样能辨认出包含于每个空间区域中的越来越多的这种全体的）。

这里有新序观念的萌芽。这种序不应被理解为物体的规则排列（例如，按行排列），也不应被理解为事件的规则排列（例如，按序列排列）。毋宁说，一个总序在某种隐缠的意义上包含在空间和时间的每一区域之中。

现在，“隐的”(implicit)一词是以动词“隐缠”(to implicate)为根据的，后者的意思是“卷入”(to fold inward，正如“multiplication”的意思是“多重卷入”一样)。所以，我们可以探讨如下观念：在某种意义上，每个空间和时间区域包含着一个“卷入”其中的总结构。

在此探讨中考虑一下卷入序或隐缠序的更多实例将是有益的。例如，在电视广播中，视觉形象被转化成时间序，这时间序又被无线电波所“携带”。视觉形象中相互挨近的点在无线电信号的序中不必是“挨近的”。因此，无线电波是以隐缠序形式携带视觉形象的，电视机的功能是显析这种隐缠序，即以新的视觉形象的形

式把它“展现”出来。

一个更引人注目的隐缠序实例可以在实验室中演示。在一个透明的容器中盛满一种很稠的液体，如糖浆，然后装配一个能缓慢但很彻底“搅拌”液体的机械转子。如果把一滴不溶解的油墨滴入 189
该液体之中，然后使搅拌装置转动起来，油墨滴就会逐渐变成一条会扩展到整个液体之中的细线。现在看来这条线多少是“随机”分布的，因此看起来像灰色的阴影。但是，如果将机械搅拌装置反向转动，那么转化过程就反向，染料液滴（油墨滴）会重新构成，突然出现。（隐缠序的这一实例将在第七章中作进一步讨论。）

当染料看来是随机分布的时候，它仍然具有某种序，这种序是跟另一当初从不同位置滴入的液滴所产生的序不同的。但是，这种序被卷入或隐缠在液体中可见的“一片灰色”之中。实际上，人们因而能够“卷入”一个整体图像。不同的图像看上去可能是难以区分的，但它们仍然有不同的隐缠序。如搅拌装置反向转动那样，当隐缠序显析时，这些差异便会被揭示出来。

在某些关键方面，这里所发生的情况显然是跟全息的情况相类似的。诚然，两者之间有区别。例如，通过十分精细的分析人们可以看到，当油墨滴的各部分被搅拌以及液体连续地运动时，这些部分仍然是一一对应的。可是，在全息过程中，不存在这种一一对应。所以，在全息（以及在“量子”境况的实验）中没有什么办法最终能把隐缠序归结为更精细和更复杂类型的显析序。

所有这些使我们注意到在隐缠序和显析序之间的一种新的差异相关性。一般说来，迄今物理学定律主要涉及的是显析序。事实上可以说，笛卡尔坐标的主要功能正是清晰而准确地描述显析

190 序。现在，我们提出：在物理学定律的表述中，主要应该与隐缠序联系起来，而显析序只具有次要的意义（例如，就像亚里士多德的运动观在经典物理学发展之后所遭遇的那样）。因此，可以指望：不能再给予笛卡尔坐标描述以首要的强调了；事实上，必须发展一种新的描述来讨论物理学定律。

6.4 全运动及其诸侧面

为了指出一种新的、适宜于把首要的相关性赋予隐缠序的描述，让我们再次考虑全息过程的主要特征，这就是：在每一空间区域中，整个被照亮结构的序被“卷入”并被“携带”于光的运动之中。类似的情况发生于调制无线电波的信号之中（见图 6.6）。在所有情况下，被“卷入”和被“携带”的内容或意义首先是一种序与一种度，它们容许一种结构的发展。对无线电波来说，这种结构可能是一种词语交流的结构、视觉形象的结构，等等；但对全息来说，能以这种方式被卷入的可以是精巧得多的结构（尤其是可从许多视点看到的三维结构）。

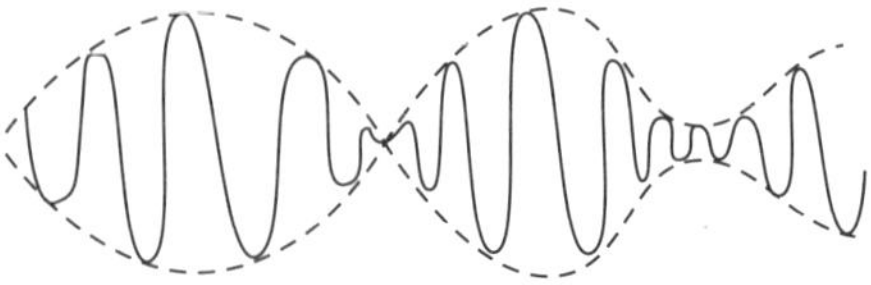

图 6.6

更一般地，能“卷入”和“携带”这种序和度的，不仅有电磁波，
191 还有其他方式（电子束、声以及其他无数的运动形式）。推广开来，

为了强调未分割的整体性，我们会说，“携带”隐缠序的东西是全运动(holomovement)，全运动是未破缺和未分割的总体。在某些情况下，我们可以抽象出全运动的特殊方面(例如光、电子、声，等等)，但更一般地，全运动的一切形式是融合在一起、不能分割的。因此，在其总体上，全运动根本不局限于任何特定的方式。它无需遵从任何特殊的序，或者受制于任何特定的度。因此，全运动是难以定义(undefinable)和不可度量的(immeasurable)。

把首要意义赋予难以定义和不可度量的全运动意味着：谈论一种基本的理论，说物理学的一切都能从该理论中找到永久的基础，或者说一切物理现象最终都与该理论一致，那是没有意义的。毋宁说，每一种理论是一种关于只在某有限境况内才相关的某确定方面的抽象，这是由某种适当的度指示出来的。

在讨论怎样唤起对于这些方面的注意时，回忆起“相关的”(relevant)一词来自于动词“to relevate”是有帮助的。“to relevate”的普通用法已不再使用。后者意思是“提升”(如“elevate”所表示的)。因此，我们可以说，在一个可予以考虑的具体境况中，属于某特定理论的一般描述方式是用以提升某一特定内容的，即把它提升到引起人们的注意，致使该内容“鲜明地”显现出来。如果该内容在所讨论的境况中是贴切的，我们就说它是相关的，否则就是不相关的。

为了说明提升全运动中隐缠序的某些方面是什么意思，再次考虑一下如前节所描述的、用来搅拌黏性液体的机械装置的例子是有好处的。假设我们先滴入一滴染料，并转动搅拌装置 n 次；然后我们可以在附近滴入另一滴染料，再转动搅拌装置 n 次。我们可以用一长串液滴无限定地重复这一过程，它们大致地排列成一线（如图 6.7 所示）。

192

图 6.7

然后假定：在如此“卷入”了大量的染料液滴之后，我们反向转动搅拌装置，并且反转得如此急速以致无法从感觉上分辨出单个的液滴来。于是，我们将看到所呈现的是一个连续地穿越空间的“固态”物体（例如，粒子）。物体的这种运动形式之所以直接呈现在感知中，主要是由于人的眼睛对于浓度低于可感知的最低限度的染料是不敏感的，因此人们直接看不到染料的“全部运动”。相反，这种感知提升了一个特定的方面。也就是说，这种感知使这一方面“鲜明地”显现出来，而液体的其余部分看起来只是一种“灰色的背景”，相关的“物体”似乎在这背景中运动着。

当然，这一方面本身（即除了其更广意义）是没有多少意义的。例如在上面的例子中，一种可能的意义是：实际上存在一个在液体中运动的自主物体。当然，这表明：全部的运动序被看成是跟直接被感知到的那一方面中的序相类似的。在某些境况中，这一意义是贴切的、合适的（例如，如果我们是从通常的经验层次上来处理飞过空中的石子的）。可是，在现在的境况中，一种非常不同的意义被指示出来；这意义只能通过一种完全不同的描述来传达。

这种完全不同的描述，必须始于从概念上“提升”某些更广泛的运动序，它们超越了跟在直接感知中被提升的运动序相似的任何东西。在此过程中，人们总是从全运动开始，然后抽象出某些特殊的方面，这些特殊方面包含一个对于所论境况中的正确描述来

说是足够广泛的总体。在现在的例子中，这个总体应该包括由机 193
械搅拌装置确定的液体和染料的全体运动、光的运动（光的运动使我们能从视觉上感知到所发生的情况）以及眼睛和神经系统的运动（可确定在光运动中可被感知的种种差异）。

于是可以说，在直接感知中被“提升”的内容（即“运动的物体”）是两种序之间的交叉。一种序是使直接的感知接触成为可能的运动序（在本例中是光以及神经系统对这束光的反应的序），另一种序是确定被感知的详细内容的运动序（在本例中是染料在液体中运动的序）。显然，这样一种利用两序之交叉进行的描述是普遍可应用的①。

我们已经看到：光的运动一般要用相关于整个结构的隐缠序的“卷入与携带”来描述；在这种描述中，将运动分解为分离的和自主的部分的分析法不可应用了（尽管在某些有限的境况中，用显析序来描述当然是合适的）。然而，在本例中，用类似的术语来描述染料的运动也是合适的。这就是说，在染料的运动中，某些隐缠序（染料分布中的隐缠序）变成了显的，而有些显析序则变成了隐的。

为了更详细地说明染料的运动，这里引进一种新的度[即“隐参量”(implication parameter)，用 T 表示]是有益的。本例中的隐参量可定义为把特定的一滴染料变成显形式所需的转动液体的次数。于是，任一时刻染料的全部结构可看作是次级结构的一个有序系列，每一次级结构对应于一个隐参量为 T_N 的单个液滴 N。

① 参阅 D. Bohm, B. Hiley and A. Stuart, *Progr. Theoret. Phys.*, vol. 3, 1970, p. 171。在那本书中，这样一种把感知内容看作两种序之交的描述，是在一个不同的境况中处理的。

194 显然，我们在这里有一种关于结构的新观念；因为我们不再只根据藉以连结分离事物的有序和有度排列来构建结构。相反，我们现在能够考虑一些这样的结构，其中不同隐缠程度（用 T 来量度）的诸方面能根据某种序来安排。

这些方面可能是很复杂的。例如，我们可转动搅拌装置 n 次来隐缠一个“完全的图像”，然后再隐缠一个稍微不同的图像，如此无限下去。如果搅拌装置急速地逆向转动，我们可以看到一个明显由处于连续运动和相互作用之中的物体“完整系统”构成的“三维图景”。

在这种运动中，任何给定时刻出现的“图像”都只是由那些能同时显现的方面（即与隐参量 T 的某一值相对应的方面）构成的。像在同一时刻发生的事件能被说成是*同步的*一样，能同时显现的方面可叫作*并列的*，而那些不能同时显现的方面可叫作*非并列的*。显然，这里所论述的、关于新结构的观念包含了*非并列的*诸方面，而以前的观念只包含各个*并列的*方面。

这里必须强调的是，隐缠序（如参量 T 所量度的）与时间序（如另一参量 t 所量度的）没有必然的联系。这两个参量仅以*偶然*方式（在本例中按搅拌装置的转动速率）相关联。直接跟隐结构描述相关的是隐参量 T 而不是参量 t。

如果一种结构是*非并列的*（即由隐缠程度不同的诸方面所构成），那么时间序一般显然不是适宜于用来表述定律的基本序。相反，如考虑前述各例所能看到的，在任何时刻*整个隐缠序*都是以这
195 样方式存在的，即无需赋予时间以基本地位就可以描述出自于隐缠序的整个结构。于是，整个结构的定律就是一个把隐缠程度不

同的诸方面联系起来的定律。当然，这个定律在时间中不是决定论的。但是，如第五章指出的，时间中的决定论不是比率或理由的唯一形式；只要我们在首要相关的序中能找到比率或理由，这就是定律所需要的一切。

在“量子境况”中，人们可以看到一个跟前述各简单例子所描述的运动序差不多的、有意义的相似性。例如，如图 6.8 所示，“基本粒子”一般是通过被认为是在检测装置（感光乳胶、气泡室，等等）中形成的径迹而被观察到的。显然，这样一条径迹被认为不过是直接感知的一个方面（跟图 6.7 中所指示的一系列染料滴的运动情形一样）。因此，为要把这个方面描述为“粒子”的径迹，还得假定，首要相关的运动序是跟直接感知到的方面中的序相似的。

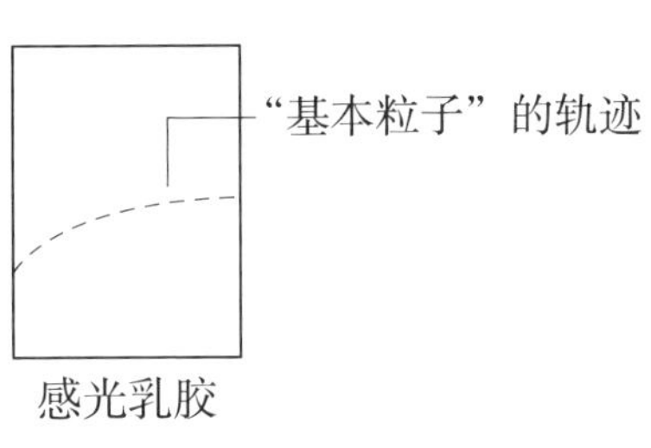

图　6.8

然而，关于隐含在量子理论中的新序的全部讨论表明，这种描述不可能一致地维持下去。例如，用“量子跃迁”来不连续地描述运动这种需要意味着：那种把构成径迹的可见痕迹连结起来的、完全确定的粒子轨道观念，不可能有什么意义。总之，物质的波粒性 196
质表明：总体运动依赖于总的实验安排，这种依赖关系是跟定域粒子自主运动的观念不一致的。而且，对海森伯的显微镜实验的讨论当然也指示了关于未分割整体性的新序的相关性，在这种新序中，谈论一个被观测物，以为它是与观测发生于其中的整体实验情况相分离的，那是毫无意义的。所以，在此“量子”境况中，使用描述性术语“粒子”是使人误入歧途的。

显然，在这里我们不得不处理在某些重要方面跟把一滴染料搅入黏性液体的例子相类似的情况。在这两种情况中，不能被一致地视为自主的显析序都在直接感知中出现。在染料的例子中，显析序是由液体“全部运动”的隐缠序和被感官感知提升的染料密度差异的隐缠序两者的交叉所确定的。在“量子”境况中，存在一种类似的交叉，即对应于所谓的“电子”（打个比方）的某种“全部运动”的隐缠序和另一种被我们的仪器提升（和记录）的差异的隐缠序两者的交叉。因此，“电子”一词应被看成只是一个名称，我们用此名称唤起对全部运动的某一方面的注意，这一方面只有计入全部实验情况时才能被论述，而不能用自主地穿越空间的定域物体来说明。当然，在当代物理学中被说成是物质的基本构成部分的每一种“粒子”都必须用同一类术语来讨论（因此，这些“粒子”不再被认为是自主的和分离的存在物）。这样，我们就有了一种新的物理学描述；在这描述中，在一种未分割整体性的序中“一切事物都是相互隐缠着的”。

197 理学描述；在这描述中，在一种未分割整体性的序中“一切事物都是相互隐缠着的”。

怎样在数学上用上述隐缠序来同化“量子”境况，将在本章的附录中给出。

6.5 全运动的规律

我们已经看到，在“量子”境况中，世界上每一可直接感知的方面中的序都被看作是从更丰富的隐缠序中产生出来的；在隐缠序中，所有的方面最终都融合在难以定义、不可度量的全运动之中。那么，我们怎样理解那些涉及把世界分解成自主的构成部分的描述实际上在起作用、至少在某些境况(如经典物理学在其中有效的那些境况)内起作用这一事实呢？

为了回答这个问题，我们首先注意到，“自主”(autonomy)一词是根据两个希腊语单词“auto”(意思是“自身”)和“nomos”(意思是“法则”)构成的。所以，“自主的”意思是自治的(selfruling)。

显然，“对自身的定律”是没有的。充其量，在某些确定的条件下和一定的近似程度内，事物的行为具有相对的和有限度的自主性。事实上，每一个相对自主的事物(例如，一个粒子)至少要受到别的同样相对自主的事物的限制。这种限制通常用相互作用来描述。可是，我们要在这里引入“他治”(heteronomy)一词以唤起人们注意这样一种定律：在其中，许多相对自主的事物是以这种方式(即外在地、或多或少是机械地)关联起来的。

注意：他治的特征就是分析描述的可应用性。[如第五章中所指出的，“分析”(analysis)一词的词根是希腊语单词“lysis”，其意思是“分解”或“解开”。由于前缀“ana。”的意思是“在上”，所以，可以说“to analyse”是“从上面解开”，即仿佛是从一个高度获得一个 198
广泛的观点，这个高度是用被认作为自主而明显分离的、却处于相互作用之中的成分来表述的。]

然而如前所见，在足够广阔的境况中，这种分析描述不再是合适的了。于是，所需要的是全法则(holonomy)，即关于整体的定律。全法则不全然否认上述意义中的分析的相关性。事实上，“关于整体的定律”一般将包括描述各方面相互“解开”的可能性，致使在一些有限的境况内这些方面将是相对自主的(以及描述这些方面在它治系统中相互作用的可能性)。然而，任何形式的相对自主(和他治)最终都受到全法则的限制，所以，在一个足够广阔的境况中，这些形式只被看成是从全运动中提升出来的一些方面，而不是处于相互作用之中的分离的且独立存在的事物。

科学研究一般倾向于从提升总体的诸明显自主方面开始。最初，人们普遍强调关于这些方面的定律的研究，但这种研究通常会逐渐导致这样一种认识，即认识到这些方面是跟原先认为对人们首要关注的问题没有重要意义的其他方面相关联的。

随着时间的推移，一个更广泛的方面域被包含在“新的整体”之内。但是，迄今一般的倾向当然一直是把这种“新的整体”确定为最终有效的普遍序，认为从此以后这种普遍序应该(按 6.1 节中所讨论的方式)调整，以便符合任何更进一步的、可被观测或被发现的事实。

然而，我们想说的是，甚至这种“新的整体”本身也将被揭示为另一新的整体的一个方面。因此，全法则不应被认为是科学研究的不变的和终极的目标，而应被认为是一种一个个“新的整
199 体”不断从中涌现出来的运动。当然，这进一步意味着：关于难以定义和不可度量的全运动的总定律，是绝不可能被认识、或被详细说明、或用言词表达出来的。毋宁说，这样一个定律必须被看作是隐的。

在这样一个关于定律的观念中，如何同化物理学的总事实这样的一般问题，将在下面进行讨论。

附录:物理学定律中的隐缠序与显析序

A.1 引言

在此附录中,我们将把早先引入的隐缠序和显析序观念置于一种数学色彩更浓的形式之中。

然而,重要的是要强调:数学和物理学在这里不能被看作是分离的、然而却相互关联的一些结构(比如,以致有人可能说,把数学运用于物理学就像把漆涂在木材上一样)。相反,我们所提示的是:数学和物理学应被看成是单一未分割整体的不同方面。

在讨论这个未分割的整体时,我们首先论述物理学描述中所使用的一般语言。然后,我们再把这种语言数学化,即更详细地表达或定义这种语言,以便它允许从中可清晰而一致地导出广泛的重要推论的各种更精确的陈述。

为了使物理学描述的一般语言及其数学化能够一致和谐地共同运作,这两个方面的主要之点必须是彼此相似的,尽管它们在其他点是不同的(特别是数学方面更有可能进行精确推论)。从对于这些相似与差异的考虑中,会产生一种在其中这两方面的一些共有意义被创造出来的可称作为“对话”的东西。正是在这种“对话” 200
中,可以看到物理学描述的一般语言及其数学化的整体性。

于是,我们在这个附录中(尽管只是以非常初步的和暂时的方式)指示出:为了一致和谐地发展隐缠序和显析序,我们怎样能使物理学描述的一般语言数学化。

A.2　序和度的欧几里得体系

我们先讨论显析序的数学描述。

请注意：显析序基本上是作为感官感知以及对于这种感知内容的经验的一个特定方面而出现的。还可以补充说，在物理学中显析序一般是在感官感知可观测到的仪器操作的结果中揭示自身的。

一般用于物理学研究中的仪器操作的共同特点是，感官感知的内容最终可用序和度的欧几里得体系（即能够用通常的欧几里得几何学来适当理解的体系）来描述。因此，我们先来讨论序和度的欧几里得体系。

在此讨论过程中，我们将采用众所周知的数学家克莱因(Klein)的观点，他把普遍变换看作是一种几何学基本的决定性特征。例如，在欧几里得的三维空间中存在三种位移算符 D_i。每一种位移算符定义了一组在所涉的操作中变换成自身的平行线。然后，有三种旋转算符 R_i，每一种旋转算符定义了一组在所涉操作中变换成自身的围绕原点的同心圆柱。这两者共同定义了在 R_i 的完全集中变换成自身的同心球。最后，还有膨胀算符 R_0，它把
201 半径一定的球变换成一个半径不同的球。在此操作中，经过原点的半径线变换成自身。

从任何一组算符 R_i、R_0 出发，我们利用位移可得到另一组对应于一个不同中心的算符 R_i'、R_0'：

$$(R_i',R_0')=D_j(R_i,R_0)D_j^{-1}\text{。}$$

从 D_i 出发，我们利用旋转可得到一组沿新方向的位移 D_i'：

$$D_i' = R_j D_i R_j^{-1} 。$$

现在，如果 D_i 是某一位移，那么$(D_i)^n$ 便是 n 步相似位移。这就意味着，位移可以用与整数序相似的序自然地序化。所以，我们可以在数标上描述位移。这种描述不只给出了一种序，而且给出了一种度（只要我们把连续位移看作是大小相等的）。

类似地，每一个旋转算符 R_i 确定着一个有序和有度的旋转系列$(R_i)^n$，而膨胀算符 R_0 确定着一个有序和有度的伸缩系列$(R_0)^n$。

很明显，这种操作确定了几何图形的所谓的平行和垂直以及全等和相似。因此，它们确定了欧几里得几何学的实质特征及其整个序和度的体系。然而必须记住，操作的完全集合被认为是首要相关的东西，而静态要素（例如，直线、圆周、三角形等）现在被认为是种种操作的“不变子空间”，以及由这些子空间构成的种种位形。

202

A.3　变换和变状

我们现在来讨论隐缠序的数学描述。隐缠序一般不能用诸如平移、旋转和伸缩等简单的几何变换，而要用不同种类的操作来描述。为了使讨论清晰，我们将保留变换（transformation）一词，用它来描述在给定显析序内的简单的几何变化。至于在更广的隐缠序境况内发生的变化，我们将称之为变状（metamorphosis）。变状一词表示，这种变化远比刚体定向位置的变化更为根本；在某种意义上讲，这种变化更类似于从毛虫到蝴蝶的变化（在此变化中，一切都彻底改变了，但某些微妙的和高度隐秘的特征保持不变）。显然，被照亮的物体与其全息之间的变化（或者油墨滴与其被搅动后的“一片灰色”之间的变化）应被描述为变状而不是变换。

我们用符号 M 表示变状，用 T 表示变换，而用 E 表示一组在某给定显析序 (D_i, R_i, R_0) 内是相关的变换。在变状中，这组变换 E 将变成另一组变换 E'，它由下式表示

$$E' = MEM^{-1}。$$

迄今，这一般被称为相似变换，但从现在起它将被称为相似变状。

为指出相似变状的实质特征，我们先来考虑一下全息的例子。在全息中，合适的变状 M 是由把被照亮结构各处的波幅与感光底板上的波幅联系起来的格林函数确定的。对于确定频率为 ω 的波来说，格林函数是

203 $$G(\boldsymbol{x} - \mathbf{y}) \simeq \{\exp[\mathrm{i}(\omega/c)|\boldsymbol{x} - \boldsymbol{y}|]\}/|\boldsymbol{x} - \mathbf{y}|,$$

其中 $\boldsymbol{x}$ 是相关于被照亮结构的坐标，而 $\boldsymbol{y}$ 是相关于感光底板的坐标。这样，如果 $A(\boldsymbol{x})$ 表示被照亮结构中的波幅，那么，底板上的波幅 $B(\boldsymbol{y})$ 就是

$$B(\boldsymbol{y}) \simeq \int (\{\exp[\mathrm{i}(\omega/c) \mid \boldsymbol{x} - \boldsymbol{y} \mid]\} / \mid \boldsymbol{x} - \boldsymbol{y} \mid) A(\boldsymbol{x}) dx。$$

从以上方程可看出，整个被照亮的结构是以某种显然不能用 $\boldsymbol{x}$ 和 $\boldsymbol{y}$ 之间的逐点变换或对应来描述的方式被“携带”和“卷入”于底板的每个区域之中的。因此可以说，矩阵 $M(\boldsymbol{x}, \boldsymbol{y})$，实质上是 $G(\boldsymbol{x} - \boldsymbol{y})$，是将被照亮结构中的波幅变成全息中的波幅的变状。

现在，让我们来考虑被照亮结构中的变换 E 和全息中随这些变换发生的相应变化之间的关系。在被照亮的结构中，变换 E 能够被逐点对应性所特征化，在这种对应中任何相似的定域性都变换成为一种相似的定域性。在全息中，这种相应变化用 $E' = MEM^{-1}$ 来描述。这在全息中不是一种点与点之间的点集定域性

保持不变的相互对应性。而是，全息的每个区域所发生的变化，依赖于全息的所有其他区域。然而，全息中的变化 E' 显然确定了结构中当用激光照亮全息图时就可看到的变化 E。

同样，在量子境况中，一个幺正变换（例如，由作用于态矢的格林函数所给出的）可被理解成为一种变状。在此变状中，保持定域性的时空逐点变换被“卷入”到更一般的操作之中。虽然这些操作不是保留定域性的逐点变换，但按上面规定的意义来说，它们是相 204
似的。

A. 4　隐缠序描述的数学化

接下来，我们讨论隐缠序描述语言的数学化问题。

我们先考虑一个变状 M。通过多次运用 M，我们得到 $(M)^n$，它描述着某一结构的 n 次卷入。如果写出 $Q_n=(M)^n$，我们就得到

$$Q_n : Q_{n-1} = Q_{n-1} : Q_{n-2} = M\text{ 。}$$

这样，在 Q_n 中存在一系列相似的差异（实际上，这些差异不只是相似的，而且都等于 M）。如第五章指出的，这一系列相似的差异指示了一种序。既然差异是隐的，所以这种序就是一种隐缠序。而且，只要相继操作 M 被认为是相等的，那也就有一种度，n 可取作为度的隐参量。

如果我们想到被搅拌进入黏稠液体的一系列不溶染料滴的例子（从而可让 M 来描述当系统经若干次转动而卷入时的变化），那么，M^n 便描述着染料油滴经 n 次卷入时的变化。可是，每滴染料油滴都嵌入到一个相对于后续油滴有一定位移量的位置上。我们用 D 来表示这种位移。第 n 个油滴首先经历位移 D^n，所以其变

状是 M^n，因此净结果为 M^nD^n。我们进一步假定，每注入一滴油滴后，用操作 $Q_n=C_nM^nD^n$ 表示注入第 n 滴油滴后染料的密度。将每次贡献相加就可得到对应于全部油滴系列的算符

205 $$Q=\sum_n C_nM^nD^n\text{。}$$

而且，任何数量的、跟 Q、Q'、Q'' 等等对应的结构也可叠加，从而有

$$R=Q+Q'+Q''+\cdots\text{。}$$

此外，任何这样的结构本身都能经历一个如 D 一样的位移和如 M 一样的变状，从而有

$$R'=MDR\text{。}$$

如果黏稠液体原已是一种“灰色均匀的”背景，我们就能赋予负数系数 C_n 以意义，用其表示一定量的染料从一个与一油滴对应的区域中的撤除（而不是把这样的染料加入到该区域之中）。

在以上讨论中，每个数学符号对应着一种操作（变换与/或变状）。操作相加、用数 C 乘以结果、以及操作彼此相乘，都是有意义的。如果我们进而引入单位操作（一种与一切操作相乘时保持其不变的操作）和零操作（一种与所有操作相加时保持其不变的操作），我们就满足了代数所需要的一切条件。

于是，我们看到，代数包含着那些相似于建立在隐缠序之上的结构所具有的主要特征。因此，这种代数使得能一致地关联于讨论隐缠序所用的一般语言的相关数学化成为可能。

现在，在量子理论中，一种与上述相似的代数也起着一种关键
206 作用。事实上，量子理论是用可彼此相加、乘以数、彼此相乘的线性算符（包括单位算符和零算符）表述的。从而量子理论的所有内

容能用这种代数来表述。

当然，在量子理论中各代数项被解释为代表着它们所对应的“物理可观测量”。然而，在这里所提示的观点中，不应认为这些项代表着任何特殊事物；毋宁说，它们被看成是一般语言的扩展。只有在把语言作为一个整体使用的方式中，单个代数符号的隐含意义才能充分显现出来。因此，在此意义上，单个的代数符号是跟一个单词相似的。

事实上，这种观点已在大量的现代数学①中，特别是在数论中使用了。例如，人们可以从所谓的不可定义的符号开始。这种符号的含义绝不是直接相关的；相反，只有这些符号参与其中的关系和操作才是相关的。

我们在这里提出的是，当我们以上述方法把语言数学化时，将会在该语言中产生序、度和结构，它们相似（但也不同）于在普通经验中以及操作科学仪器的经验中所感知的序、度和结构。如以前所进一步指出的，这两种序、度和结构之间可能存在一种关系，致使我们的所议和所思跟我们的所见和所为将有一个共同的比率或理由（见第五章关于“比率”或“理由”的这一意义的讨论）。

当然，这意味着，我们不认为“粒子”、“电荷”、“质量”、“位置”、“动量”等等术语在代数语言中具有首要的相关性。毋宁说，这些术语至多是作为高度的抽象物而出现的。如这一节所指出的，“量
子代数”的真实含义是：它是一般语言的一种数学化；它丰富了一 207
般语言，使得比单用一般语言更精确清晰地讨论隐缠序成为可能。

① 例如，参阅 D. F. Littlewood，*The Skeleton Key of Mathematics*，Hutchinson，London，1960。

当然,代数本身是数学化的一种有限形式。原则上,没有什么理由说我们最终不应继续进行别的数学化(例如,涉及环、格或有待创造的更一般的结构)。然而,在此附录中可以看到,即使在有种种局限性的代数结构内,人们也能同化现代物理学许多方面的内容,也能开辟大量有趣的新的探索之路。因此,在深入研究更一般的数学化之前,详细地讨论普通语言的代数数学化是有益的。

A.5 代数和全运动

在探讨一般语言的代数数学化时,我们首先注意到这个事实:即代数符号的首要意义是它描述着某种运动。

例如,考察一组由 A 表示的不可定义的代数项。这一代数的特征是:这些代数项有一个由下式表示的关系

$$A_iA_j = \sum_k \lambda_{ij}^K A_K$$

其中 λ_{ij}^K 是一组常数。这关系意味着,当给定项 A_i 左置于另一项 A_j 时,结果就等于各项的“加权和”或叠加(所以,一个代数包含了一种“叠加原理”,这在关键点上是跟量子理论中成立的叠加原理相似的)。实际上,人们可以说,虽然代数项 A_i“自身”是不能定义的,
208 的,但它们仍然表示了全部代数项的某种“运动”;在此运动中,每个符号 A_j 为符号的叠加 $\sum\lambda_{ij}^K A_K$ 所取代(或变成后者)。

然而,如前面所指出的,在描述隐缠序的一般语言中,不可定义和不可度量的全运动,被认为是一个在其中有待讨论的一切都终极相关的总体。类似地,在这种语言的代数数学化中,我们把不可定义的、其中每项的基本意义表征着所有代数项的一种“全部运

动”的代数作为一个总体来考虑。经由这一关键的相似性，就产生这样的可能性，即对那种视总体为不可定义和不可度量的全运动的一般描述进行一致的数学化。

现在，我们可以沿着这些线索继续前进。比如，正如在一般语言中我们可考虑全运动的相对自主的诸方面一样，我们在其数学化中也可考虑相对自主的、作为不可定义的“整体代数”的诸方面的子代数。像全运动的每一方面在其自主性上最终都受到整体定律（即全法则）的限制一样，每个子代数最终也受到如下事实的限制，即相关定律涉及的运动超出了所涉子代数所能描述的范围。

于是，一个给定的物理学境况将可以以一个合适的子代数来描述。但当我们接近这境况的极限时，我们就会发现这样一种描述是不合适的，于是我们将考虑范围更广的代数，直至找到一种适合于我们已被引向的新境况的描述。

例如，在经典物理学境况中，就可抽出一种与一组欧几里得操作 E 对应的子代数。可是在“量子”境况中，“整体定律”涉及导致
从这子代数中导出并导入到一些不同（但相似）的子代数中去的各 209
种变状 M：

$$E' = MEM^{-1}。$$

如已指出的，现在有许多迹象表明：在更广的境况中甚至“量子”代数也是不合适的。所以，进而去考虑更广的代数是很自然的（当然，到头来还有更一般的数学化可证明是相关的）。

A.6　相对性原理向隐缠序的扩展

作为探究数学化的更全面形式的一个步骤，我们将指出有可能把相对性原理扩展到隐缠序，这种可能性是通过考虑量子代数怎样以上述方式限制经典代数的自主性而提出来的。

在经典境况中，任何结构都可由一组操作 E_1、E_2、E_3…（这些操作描述着长度、角度、全等、相似等）来详细说明。当我们涉及更广的"量子"内容时，我们可达到相似操作 $E' = MEM^{-1}$。这种相似性意指：如果任意两个要素，比如说 E_1 和 E_2，在指定结构的描述中以某确定方式相关联，那么，就存在一组要素 E_1' 和 E_2' 描述着以类似方式相关联的、非定域的"被卷入的"变换。或者，将之更简明地表述为：

$$E_1 : E_2 :: E_1' : E_2'\text{。}$$

由此可以推论，如果给定一个序和度的欧几里得体系以及在其上构建的某些结构，那么，我们总能获得另一个相对于 E 被卷入的体系 E' 及在其上构建的类似结构。

210 至此，相对性原理已表述为如下形式："如果给定在一个对应于某一定速度的坐标系中描述的任意结构关系，总有可能得到在一个对应于任何其他速度的坐标系中描述的相似的结构关系。"然而，从以上讨论可以得出结论说，用"量子"代数表述的一般语言的数学化，开辟了一种扩展相对性原理的可能性。这种扩展在如下情况中显然类似于互补性原理，这就是：如果一个给定的、对应于某组操作 E 的序是显的，那么，另一个对应于类似操作 $E' = MEM^{-1}$ 的序就是隐的（所以在某种意义上这两种序不能同时定义）。然而，相对性原理又不同于互补性原理：在相对性原理中首要强调的是与几何学相关的序和度，而不是强调互不相容的实验安排。

从相对性原理的这种扩展中可以得出如下结论:把空间视为由唯一然而明确定义的、在拓扑上被邻域集关联、在度规上被距离定义关联的点集所构成的观念,不再是合适的了。实际上,每一个欧几里得操作集 E' 定义了这样的点集、邻域集、测度集等,相对于被另一个欧几里得操作集 E' 定义的点集、邻域集、测度集等来说它们是隐缠的。因此,认为空间是一个具有一种拓扑和一种度规的点集的观点仅仅是一个更广大总体的一方面。

在这里,引入语言的又一种新用法将是有帮助的。在拓扑学中,人们能把一个空间描述成是由一个复形(complex)覆盖的,后者由基本图形(如三角形或其他基本的多边单元形状)所构成,其中每一种图形叫作单形(simplex)。“plex”一词是拉丁语词“plicare”的一种形式,如前所见,它的意思是“卷入”。所以,“单形”的意思是“单卷”,而“复形”的意思是“一起卷入”,但其意是指许多分离的物体相互连结在一起。

于是,我们可引入多复形(multiplex)这个单词(在此境况内 211
它是新词)来描述无限组序和度的欧几里得体系的相互卷入。它的意思是“全被卷入在一起的许多复形”。从字面上讲,它也是所谓的“流形”(manifold)。可是,人们习惯于用“流形”一词指“连续统”(continuum)。所以,我们用多复形一词是为了唤起对于隐缠序的首要相关性以及连续统描述的不充分的注意。

迄今,空间一般被认为是一个能被一个复形覆盖的连续统(它显然是空间分析序的一种形式)。这种复形可用种种坐标系来讨论。因此,每个单形可藉助定域欧几里得构架来描述,于是整个空间可藉助巨量的重叠坐标“块”来处理。或者用另一方法,人们可找到单一一组应用于整个空间的曲线坐标。于是，相对性原理可表述为：一切如此的曲线坐标系提供着等价的描述构架（即对于比率或理由或定律的表述来说是等价的）。

现在，我们可以进而考虑两组互隐的相似操作 E 和 E'。如上面所指出的，“整体定律”是这样的：相似的结构可以在各自的序上构建起来。在此意义上，通过假定由任何两种操作 E 和 E' 定义的序是等价的，我们就扩展了相对性原理。为了帮助弄清楚这里所指的意思，我们注意到，能直接被感官感知的运动序一般被看成是显析序，而其他的序（如适合描述量子境况的“电子”的序）则被看作是隐缠的。然而，按照扩展的相对性原理，人们可以等价地把
212 “电子”序看作是显析的，而把我们的感官序看作是隐缠的。这就是：把我们自己（隐喻地）置于“电子”的境况之中，进而通过把自己同化于它又把它同化于自己的途径来理解后者。

显然，这意味着我们思维中的一种彻底的整体性。或者，如早先所说的，“一切事物皆相互隐缠”，甚至到了这种程度：“我们自己”连同“我们所看和所思的一切”是隐缠着的。所以，我们无处不在、无时不在，尽管只是隐缠地（即暗含地）存在。

每一“物体”也是如此。只有在某些特殊的描述序中，这些物体才表现为分析的。普遍定律（即全法则）必须在一切序中来表达；在其中，一切物体和一切时间都是“卷入在一起的”。

A.7 有关多复形中的定律的初步建议

现在，我们将提出几点关于普遍定律的探究线索的初步建议，这种普遍定律是用多复形而不是用连续统来表述的。

我们首先回想起，只有当普遍定律的表述被限制在一个对应于某给定的序和度的欧几里得体系的特殊子代数的境况中，经典描述才是相关的。如果欧几里得体系被扩展到时间以及空间，那么普遍定律就可能是与狭义相对论相容的。

狭义相对论的本质特征是，光速是信号传播（和因果影响）的恒定极限。与此关联的，我们注意到：一个信号总是由一些事件的某种显析序构成的；在显析序不再是相关的境况中，信号观念也不再是相关的了（例如，如果一种序“被卷入”在所有的空间和时间之中，我们便不能一致地认为这种序构成了一个能在一段时间内把信息从此地传播到彼地的信号）。这就意味着，在涉及隐缠序的地 213
方，狭义相对论的描述语言一般便不再是可应用的了。

广义相对论类似于狭义相对论之处在于：每个时空区域中存在一个定义着有限信号速度的光锥。然而，不同之处在于：每个时空区域有它自己的定域坐标构架（用 m 来表示），它通过确定的一般线性变换 T_{mn} 与邻域的坐标构架（用 n 来表示）相关联。但是，在我们看来，一个定域的坐标构架应被看作是相应的序和度的欧几里得体系的一种表述（例如，序和度的欧几里得体系会生成作为操作 E 的不变子空间的、所涉坐标的构架线）。因此，我们考虑操作 E_m 与 E_n 的欧几里得体系以及关联它们的变换：

$$E_n = T_{mn} E_m T_{mn}^{-1} 。$$

当我们考虑这些体系沿一个由坐标块构成的闭合环路的变换系列时，我们就得到数学上称为“和乐群”（holonomy group）的东西。在一种意义上讲，这个名称是合适的，因为这个群确定着“整个空间”的特征。因此，在广义相对论中，这个群等价于洛伦兹群，它与不变的“定域光锥”的要求是相容的。在这里使用一个不同的群，自然意味着“整个空间”具有一个相应不同的特征。

然而，在另一种意义上，最好把所涉的群看作是“自主群”(autonomy group)而不是“和乐群”；因为，在广义相对论(以及更广泛的现代场论)中，普遍定律相对于每个区域的定域坐标构架的任意“规范变换”$E'_m=R_mE_mR_m^{-1}$ 是不变的。考察几个邻近区域就可以看到这些变换的意义，这每一个区域包含着一个定域化的结构，
214 即一个与邻近结构只有微不足道的联系的结构(所以，人们可以恰当地把这些结构之间的空间看成是空的，或者近乎是空的)。于是，规范不变性的重要意义在于：诸定律是这样的，即至少在某些限度内(只要在它们之间存在足够的“空的空间”)，任何两种结构可彼此独立地变换。定域化结构具有这种相对自主性的一个例子是：不是靠得很近的物体可相对转动和平移。显然，允许上述相对自主性的，正是“整体定律”的这一具体特征(即规范不变性)。

当我们进入量子境况时，“整体定律”(即黎曼几何中“和乐群”所指的东西的普遍化)将涉及变状 M 与变换 T。这将把我们带到多复形中去，在那里新的序和度将是相关的。

然而，重要的是应强调：“整体定律”不只是现行量子理论的一种新语言副本。相反，物理学的全部境况(经典的与量子的)将必须同化于一种不同的结构之中，空间、时间、物质和运动在其中是以一些新的方式描述的。于是，这种同化将导向一些新的探索之路，这些是现行的各种理论连想也想不到的。

在这里，我们只指出这些可能的探索之路中的少许几条。

首先，我们回想起，我们从不可定义的总代数开始，并从中取

出适宜于描述某些物理研究境况的子代数。现在，数学家们已经精确地发现了这类子代数的某些有趣的和潜在相关的特征。

例如，考虑一给定的子代数 A。在它的项 A_i 中，可能存在幂零
的项 A_N，即 A_N 具有这样的性质：A_N 的某些幂[比方说 $(A_N)^s$]为 215
零。在这样的项中存在严格幂零的项的子集 A_p，即当用代数 A_i 的任何一项相乘时子集的各项仍然是幂零的[所以 $(A_iA_p)^s=0$]。

作为一个例子，先来考虑克利福德代数，其中每一项都是严格幂零的。然而，在费米子-代数中（具有项 C_i 和 C_j^*），每项 C_i 和 C_j^* 都是幂零的[即 $(C_i)^2=(C_j^*)^2=0$]，但它们不是严格幂零的[即 $(C_j^*C_j)^2\neq 0$]。

人们可能说，用严格幂零的项描述运动最终将导致运动特征消失。因此，在寻求描述运动的不变和相对持久的特征时，我们就应该有一个没有严格幂零的代数。我们从任何一个代数 A 中去掉其中的严格幂零项总可以得到这样的一个代数，称为*差代数*(difference algebra)。

现在，我们考虑如下定理①。每一个差代数都可用一个矩阵代数（即其乘法规则类似于矩阵乘法规则的代数）和一个可除代数（即其两个不等于零的项相乘绝不等于零的代数）的积来表达。

至于可除代数，其可能存在的类型取决于数系数所取的数域。如果这数域是实数域，那么就准确地存在三种可除代数：实数本身，一个二阶代数（它与复数等价）和实四元数。但是，在复数域上唯一的可除代数就是复数本身的可除代数（这说明为何含复系数

① 例如，参阅 D. F. Littlewood, *The Skeleton Key of Mathematics*, Hutchinson, London, 1960。

的扩展四元数变成了一个双列矩阵代数)。

有意思的是,通过用最初没有定义和没有详细说明的代数来对一般语言进行数学化,我们自然地得到了在现行的量子理论中用于“自旋粒子”的那种代数,即矩阵和四元数的积。然而,这种代
216 数还具有一种超出了在现行量子理论中进行技术计算的意义。例如,四元数包含着在类似于三维空间中的旋转的变换群中的不变性(人们用简单的方法可将此扩展到类似于洛伦兹群的变换群中去)。在某种意义上,这表明:确定着“相对论的时空”的(3+1)维的序的关键变换,已经包含在用隐缠序描述的、用代数来数学化的全运动之中了。

可以更准确地说,从语言的一般代数数学化开始,并寻求那些相对持久或不变的特征(用不含严格幂零项的代数来描述)以及那些不局限于具体标度的特征(用其项可用任意实数相乘的代数来描述),我们便得到那些确定着一个等价于相对论时空序的变换。然而,这意味着,如果我们考虑非永久的与变动的特征(包括带有严格幂零项的代数)和局限于具体标度的特征(包括在有理数域或有限数域上的代数),那么崭新的序[根本不能还原为(3+1)维的序]就可能变得相关的了。因此很明显,这里有着广大的领域可供探索。

在语言的单一或多重广博结构中发展一种把经典和量子两方面结合起来的描述,会开辟又一个探索的领域。不把经典和量子两种语言视为分离的,而是视为由于某种对应性而相关联的(如现行的理论通常所做的那样),人们就能沿着本附录所指出的线索,去探究把它们抽象为以更广的代数数学化了的语言的极限情况的

可能性。这样做显然能导致不同的、超越经典理论和量子理论的、217
具有新内容的理论。在这方面，看看是否会发现也导致把相对论观念作为极限情形的代数结构（例如，利用有限数域而不是实数域上的代数），那将是特别有趣的。可以指望，这些理论能摆脱现行理论的种种无穷大，从而能对现行理论不能解决的众多问题做出广泛一致的处理。

218 # 第七章　卷展中的宇宙与意识

7.1　引言

贯穿于本书的中心主题一直是存在总体(totality of existence)的未破缺整体性,它是一个无边际的不可分割的流运动。

218

从上一章的讨论中可以清楚地看到,隐缠序观念特别适宜用来理解这种处于流运动中的未破缺整体性;因为,在隐缠序中,存在的总体是被卷入在每一个空间(和时间)的区域之中的。因此,无论我们在思想中可抽象出什么样的部分、元素或方面,它们仍卷入了整体,因而内在地关联于其从中抽象出来的总体。这样,从一开始整体性就渗透于所讨论的一切之中。

在本章中,我们将首先结合物理学中隐缠序的出现,其次结合
219 它可被扩展到意识领域的情况,对隐缠序的主要特征给予非专门性的介绍,藉以指出某些一般的线索:沿着这些线索,我们就可能把宇宙和意识理解成为一个单一的、未破缺的运动总体①。

---

① 对于这个问题的一种不同处理,参阅 *Re-Vision*, vol. 3, no. 4, 1978。(出版于 20 Longfellow Road, Cambridge, Mass. 02148, USA。)

7.2　物理学中的机械序与隐缠序的对比概述

首先对早先论述过的、把物理学中普遍接受的机械序跟隐缠序对比的几个主要点作梗要介绍是有益的。

让我们先考虑机械序。如第一章和第五章所指出的，机械序的主要特征是把世界看成是由相互外在的实体构成的，其意是：这些实体独立地存在于不同的空间（和时间）区域之中，它们通过各种力而相互作用，但这些力并不使它们的本性发生任何变化。机器典型地说明了这种序的系统。机器的每一部分是独立于其他部分而被制成的（如用印模冲压或浇铸），它与其他部分的相互作用只能通过外部的接触。与此成鲜明对照的是，在一个有机体中（比方说），每一部分都是在整体的境况中生长的，因此它既不是独立存在的，也不能说它和其他部分仅仅发生“相互作用”，而在此关系中它自身不受到实质性的影响。

如第一章所指出的，物理学变得几乎全部接受了宇宙序基本上是机械序的观念。这种观念的最一般形式是把宇宙设想为由一组分离存在、不可分割和不可变化的“基本粒子”构成，这些“基本粒子”是整个宇宙基本的“建筑材料”。原先，这些东西被认为是原子，但原子最终被分成了电子、质子和中子。于是，电子、质子和中 220
子被认为是构成所有物质的绝对不变与不可分割的成分，但后来人们又发现这些东西可蜕变为数百种不同的不稳粒了，现在甚至更小的被称作“夸克”和“部分子”的粒子被假定用来说明这些蜕

变。虽然夸克和部分子还没有被分离出来，但是物理学家似乎有一种不可动摇的信念，即：不是这些粒子就是其他有待发现的粒子，最终能用来对任何事物给予完全而一致的说明。

相对论是物理学中需要对机械序问题提出质疑的第一个有意义的指示。如第五章所说明的，相对论认为，关于独立存在的粒子的概念不可能是一致的：无论说粒子是广延的物体，还是说粒子是无维度的点，都不行。因此，一个基本的、作为物理学界普遍接受的机械论的基础假设已被证明是站不住脚的。

为了应对这个基本挑战，爱因斯坦提出：粒子概念不能再被看作是基本的，相反，从一开始实在就应被看作是由各种场构成的，这些场服从与相对论的要求相一致的定律。爱因斯坦的“统一场论”的一个主要新理念是：场方程是非线性的。如第五章所述，这些场方程可以有种种定域脉冲形式的解，这些定域脉冲是由可稳定地通过整个空间的强场区构成的，从而它们可提供“粒子”的一种模型。定域脉冲不是突然终止的，而是随着强度的减弱扩展到任意的距离。因此，与两股脉冲相关联的场结构将在一个未破缺的整体中融合并一起流动。此外，当两股脉冲紧靠在一起时，原先的类粒子形态会如此剧烈地改变，以致甚至不可能再有与由两个
221 粒子构成的结构相似的东西了。所以，按此观念看来，分离而独立存在的粒子的思想，充其量是一种只在一定有限领域内近似有效的抽象。最终地，整个宇宙（以及它的所有“粒子”，包括构成人类、人类的实验室、观察仪器等等的粒子）必须被理解为一个单一的未分割的整体，在这个整体中分析为分离与独立存在的部分不具有基本的地位。

然而，如在第五章中所看到的，爱因斯坦未能获得关于他的统一场论的普遍一致和令人满意的表述形式。而且（或许在我们关于物理学的机械方法的讨论的境况中更为重要），场的概念（这是爱因斯坦基本的出发点）仍然保留着机械序的实质特征；因为，基本的实体（各种场）被设想为在分离的空间和时间点上是相互外在地存在着的，并且假定只有那些相距“无限小的”的场元素（field elements）才能相互影响①，在此意义上，基本实体只有通过外在的、实际上也被视为定域的关系才能相互关联。

尽管在这种试图用场概念为物理学提供一个终极的机械论基础的努力中，统一场论是不成功的，它确实仍以一种具体方式表明：怎样作为一种抽象从一个未破缺的、不能分割的存在总体中导出粒子概念，以达到与相对论的一致。因此，统一场论有助于强化由相对论提出的对流行机械序的挑战。

然而，量子理论远远超越了相对论，向机械序提出了严峻得多的挑战。如在第五章中所看到的，向机械论挑战的量子理论具有以下关键特征：

1. 作用量由不可分的量子构成［这也包括：电子（比方说）能够 222
不经任何中间态而从一种状态变到另一种状态］，在此意义上，运动一般是不连续的。
2. 诸如电子之类的实体，能够显示出不同的性质（例如，类粒子、类波或介于二者之间），这具体取决于它们所处的环境

① 关于这一点的进一步讨论，参阅 D. Bohm，*Causality and Chance in Modern Physics*，Routledge & Kegan Paul，London，1957，ch. 2。

境况以及进行什么样的观测。

3. 两个起初结合成一个分子随后又分开的、像电子一样的实体，显示出了特殊的非定域关系，充其量可把这说成是相互远离的元素的非因果关联[①]（如在爱因斯坦-波多尔斯基-罗森的实验中所表明的那样[②]）。

当然还应补充说，量子力学的定律是统计的，它们并不唯一而精确地确定着个体的未来事件。当然，这是与经典定律不同的，后者原则上确定着这些事件。然而，这种非决定论并不构成对机械序的严重挑战。在机械序中，基本元素是独立地存在的，它们相互外在地存在且只有通过外部关系才能关联。这种基本元素通过机遇规则（在数学上用概率论表述）相关联（如在弹球游戏机中那样）的事实，并不改变这些元素的基本外在性[③]，从而对于基本序是否是机械的问题并无实质影响。

然而，量子理论的上述 3 个关键特征确实清楚地表明了机械观念的不适当性。例如，如果所有作用量都处于分立量子的形式，那么，不同实体（如电子）之间的相互作用就构成了一个单一的、不可分割的连结结构，所以整个宇宙必须被看成是一个未破缺的整体。在这个整体中，我们可在思想上抽象出来的每一元素都显示

① 关于这一点的详细论述，参阅 D. Bohm and B. Hiley, *Foundations of Physics*, vol. 5, 1975, p. 93。

② 关于这个实验的详细讨论，参阅 D. Bohm, *Quantum Theory*, Prentice-Hall, New York, 1951, ch. 22。

③ 关于“非决定论的机械论”特征的讨论，参阅 D. Bohm, *Causality and Chance in Modern Physics*, ch. 2。

出依赖于它所处的全部环境的基本性质(波或粒子,等等)。这种 223
依赖关系很容易使人联想到生物体的构成器官、而不是联想到一台机器的各部分是怎样相关联的。进一步说,相互远离的元素之间关系的一切非定域、非因果本性,显然违背了基本构成部分的分离性和独立性要求,这些要求对于任何机械方法来说都是基本的东西。

在这点上将相对论和量子理论的关键特征比较一下是有教益的。如上所见,相对论要求连续性、严格因果性(或决定论)以及定域性。但量子理论要求非连续性、非因果性和非定域性。所以,相对论和量子理论的基本概念是直接抵触的。因此,这两个理论从来没有以一种一致的方式统一起来,这没有什么大惊小怪的。毋宁说,似乎最可能的是这种统一实际上不可能;而很可能需要的东西是一种新的定性理论,作为抽象的东西、近似的东西以及极限情况从它可导出相对论和量子理论两者来。

显然,不可能首先在相对论和量子理论直接矛盾的那些特征中发现这种新理论的基本观念。最好的出发点是这两者基本上共有的东西:这就是未分割的整体性,尽管它们各以不同的方式达到这种整体性,但很清楚的是:两者基本上指出的就是这种整体性。

然而,从未分割的整体性开始,意味着我们必须抛弃机械序。但是许多世纪以来,机械序对所有思考物理学的人来说一直是基本的东西。如第五章所说明的,机械序的最自然、最直接的表述方式是通过笛卡尔网格。尽管物理学在许多方面发生了根本的变
化,但笛卡尔网格(及其微小修改,例如运用曲线坐标)这个关键特 224
征一直没有变化。显然,要想改变这一点是不容易的,因为我们关

于序的观念渗透到一切事物之中：它们不仅涉及我们的思维，而且也涉及我们的感觉、我们的情感、我们的直觉、我们的物理运动、我们与其他人以及我们与作为一个整体的社会的关系，事实上，它们涉及我们生活的每一方面。因此，要从我们关于序的旧观念“后退一步”，以便足以能严肃地考虑新的序观念，那是很困难的。

因此，为了有助于较容易地理解我们提出的、适合于未分割整体的新序观念的意指，我们从可以直接涉及感官感知的例子，以及以一种想象和直观的方式来阐明这些观念的模型与比拟开始，将是有益的。在第六章一开始我们就注意到，摄影镜头是给予我们关于机械序的含义一种最直接的感官感知的工具；因为它在物点与像点之间产生一种近似的对应性，从而十分强烈地唤起人们对于物可被分析成分离元素的注意。由于对于那些太小、太大、太快、太慢等而无法用肉眼看见的各种事物，默认了逐点成像和逐点记录的可能性，这就使我们相信：一切事物终归可按此方式被感知。由此产生了这样的理念，即不能被想象为由这种定域元素构成的事物是根本没有的。这样，摄影镜头的发展大大地促进了机械方法。

我们接下来考虑一种名叫全息的新工具。如第六章所说明的，全息用胶片记录了来自物的光波的干涉图像。这种记录的关键特征是，每一部分都包含了有关全物的信息（所以在物与记录像
225 之间不存在逐点的对应性）。这就是说，整个物体的形式和结构可以说被卷入在胶片记录的每一区域之中。如果用光照亮胶片的任一区域，那么，这种形式和结构就会展出，从而再次给出整个物体的一个可认识的图像。

我们提出：这里涉及一种新的序观念，我们称之为隐缠序（来自于意指“卷入”的一个拉丁语词根）。用隐缠序表述，人们可以说，每一事物是卷入到每一别的事物之中的。这和现在物理学中占统治地位的显析序形成了鲜明的对照。就每一事物只存在于它自己的特定空间（和时间）区域之中、而处在属于其他事物的区域之外的意义而言，在显析序中事物是展出的。

全息在这境况中的价值是：它能以一种可敏锐感知的方式帮助我们注意到这一新的序观念。但是，全息当然只是一种其功能是对隐缠序作静态记录（或“快拍”）的工具。在复杂的电磁场运动中，如此被记录下来的实际序本身是以光波的形式出现的。这种光波运动无处不在，且原则上把整个空间（和时间）宇宙卷入到每个区域之中（正如在任何一个这样的区域中，安放一只人的眼睛或一台望远镜就可证明这一点一样，因为它们将“展出”这内容）。

如第六章所指出的，这种卷入与展出不只发生在电磁场的运动之中，而且发生在其他场（诸如电子波、质子波、声波等等）的运动之中。现在已经知道一大群这样的场，而有待发现的未知场的数目是任意的。而且，运动只是场的经典概念的近似（场一般用来说明全息是怎样起作用的）。更准确地说，这些场服从量子力学定律，它们隐含着我们已经提及过（在本章中我们将再次予以讨论） 226
的不连续性和非定域性。如以后我们将看到的那样，甚至量子定律也只能是从更普遍的定律中抽象出来的，到现在为止还只能模糊地看到后者的某些轮廓。所以，卷入和展出的总体运动可能大大地超越了迄今我们的观测所揭示的东西。

在第六章中，我们把这个总体叫做全运动。于是，我们的基本倡议是:存在就是全运动,每一事物都要用从全运动中导出的形式来加以说明。尽管支配这全动的全部定律集是未知的(而且很可能真的是不可知的),但仍然必须假定这些定律是这样的,即:从它们可抽象出相对自主的或相对独立的、其序和度的基本形式有一定复现和稳定性的运动子总体(例如,场、粒子等)来。于是,无须预先知道全运动的全部定律,每一个这样的运动子总体都可以有资格被加以研究。当然,这意味着我们不应把在这种研究中发现的东西视为具有一种绝对和最终的有效性;相反,我们必须时刻准备去发现任何相对自主的定律结构的独立性的种种局限性,并由此出发去寻找新的可能涉及更为广大的这类相对自主领域的定律。

至此,我们对照了隐缠序和显析序,把它们看作是分离而不同的。但如第六章所指出的,显析序可以被看成是一组更一般的隐缠序的一个特别或突出的例子,从后者可导出前者来。辨别显析序的标志是:从隐缠序中如此导出的东西是一组相互外在的、复现的和相对稳定的元素。于是,这组元素(例如,场和粒子)对经验领域提供了说明,在此经验领域中,机械序给出了一种合适的处理。
227 然而,在流行的机械论方法中,这些被假定是分离和独立地存在的元素被认为构成着基本实在。于是,科学的任务就是从这些部分出发,通过抽象导出一切整体,把这些说成是各部分相互作用的结果。但是,当人们用隐缠序来研究时,他就会从宇宙的未分割的整体着手;并且,科学的任务是通过抽象从整体导出部分来,并把这些部分说成是构成相对自主的子总体的、近似地分离的、稳定的和复现的、外部关联的元素,这些元素要用显析序来描述。

7.3　隐缠序和物质的一般结构

现在,我们来更详细地说明物质的一般结构如何可以按照隐缠序来理解。为此,我们首先要再次考虑已在第六章讨论过的装置,作为一种类比它阐明了隐缠序的某些实质特征。(然而,必须强调的是:这仅仅是一种类比,如以后更详细地阐明的,它跟隐缠序的对应性是有限的。)

这种装置由两个同轴玻璃筒构成,两者之间填充以甘油之类的高度稠密的液体,外层玻璃筒可缓慢地转动,致使黏稠液体的扩散可以忽略。一小滴不溶油墨滴入液体之中,然后转动外层圆筒,于是油滴被拖成了一根细细的像线一样的东西,最后就看不见了。如果玻璃筒反方向转动,这根线一样的东西就向后缩,突然变成一滴看得见的小油滴,和原来存在的那小油滴实质上一样。

仔细反思上述过程中实际发生的事是值得的。首先,让我们 228
考虑一个液体元。半径较大的部分会比半径较小的部分转动得快些,因此液体元将会变形,这能说明为什么液体元最终被拉成一根长线。注意:油墨滴是由原先悬浮在这液体元中的一大群碳粒子构成的。由于液体元被拉长了,油墨微粒也随之被带动。因此,这群油墨微粒将在致使其密度降到可见的最小阈值以下的那么大的一个体积内扩展开来。当反向运动时,(由支配黏性介质的物理定律可知)液体的每一部分都将沿其老路返回,所以这种线一样的液体元最终会退回到原状。在此过程中,油墨微粒也随之聚拢,以致它们最终也聚合起来,并且变得稠密到足以超过可感知的阈值,所

以再次以可见油墨滴的形式出现。

当油墨微粒被拖成一条长线时，人们可以说这些微粒被卷入甘油之中，正如可以说鸡蛋被卷入蛋糕中一样。当然，两者的区别在于：使液体作反向运动可以把油墨展出，但人们没有办法使鸡蛋展出（这是因为这里鸡蛋经历了不可逆的扩散性混合）。

把这种卷入和展出与相关于全息而引入的使隐缠序作一类比，是很有好处的。为了进一步发挥这种类比，让我们考虑相互紧挨着的两滴油墨。为了便于想象，我们假定一滴油墨中的微粒是红色的，而另一滴中的微粒是蓝色的。当外层玻璃筒转动时，两个分开的、油墨微粒分别悬浮在其中的液体元都将被拉成线一样的形状。虽然它们保持为分离且不同，但它们却相互编织成一个复

229 杂的、精细得肉眼不能感知的形状（这很像全息中录下的干涉图样，但起因完全不同）。当然，每一油滴中的油墨微粒都将随液体的运动被带到各处，但每一微粒仍然保持在它自己的液线之内。然而，在任意一个大到肉眼可见的区域中，最终可以看到：来自于一油滴的红色微粒和来自于另一油滴的蓝色微粒明显是随机地混合在一起的。但是，当液体反向运动时，每根像线一样的液体元又被拉回成为它自身，直至最终两油滴各自再次聚拢在两个明显分开的区域内。假如有人能更加仔细地（例如，用一台显微镜）观察所发生的事情，他就会看到：互相挨着的红色微粒和蓝色微粒开始分开，而彼此远离的同一给定颜色的微粒开始聚拢。这就好像是同一颜色的远离的微粒已经“知道”它们有着共同的命运一样，同那些紧挨着的其他颜色的微粒分离开来。

当然，在此情形中实际上不存在这种“命运”。诚然，通过油墨

微粒悬浮于其中的液体元的复杂运动，我们说明了机械地发生的一切事情。但是，我们在这里必须记住这个装置只是一种类比，目的是想阐明一种新的序观念。为了使这种新观念清晰突出，有必要一开始把注意力只集中在油墨微粒上，而至少暂时不去考虑它们悬浮于其中的液体。当各液滴的油墨微粒集合被拉成一根看不见的线，致使两种颜色的微粒混合起来时，人们仍然可以说：作为一个系综，各组油墨微粒在一定的方面是互不相同。一般说来，感官不能清晰地感受到这种差异，但是这种差异与产生出这两个系综的总境况有着某种一定的关系。这总境况包括玻璃筒、黏性液体及其运动以及油墨微粒的原始分布。于是可以说，每个油墨微 230
粒都属于某一特定的独立系综；并且，由于这总境况所固有的总体必然性的力量，该微粒跟此系综中别的微粒被捆在一起，整体地实现一个共同的目标（例如，重构一滴液滴的形状）。

在这装置中，总体必然性是作为液体的运动按照某些众所周知的流体动力学定律机械地运作的。然而，如早先所指出的，我们将最终抛弃这种机械的类比，进而考察全运动。在全运动中仍然存在一种总体必然性（在第六章中我们称之为“全法则”），但是其定律不再是机械的。相反，如本章第 2 节所指出的，在第一级近似中全运动的定律是量子理论的定律；但更准确地说，它们甚至以种种现在只能模糊地辨认的方式超越量子理论的定律。然而，就像在用玻璃筒构成的装置的类比中那样，在全运动中占主要地位的是关于差异的某些相似原理。这就是说，在空间中混合或者相互渗透的由元素构成的系综仍然是可分辨的，不过是在一定的总境况的范畴内来分辨。在这范畴内各系综的成分是通过这些境况中所固有的总体必然性的力量而相互联系起来的，这力量以某种特定的方式把同一系综中的成分聚集起来。

既然，在一起被卷入空间中的各系综之间，我们确立了一种新的差异，那么，我们就可进而把这些差异编成一种序。序的最简单观念是序列或连续的观念。我们将从这种最简单的观念出发，随后把它发展成复杂和精巧得多的序观念。

如第五章所表明的，一个简单、连续的序的实质存在于不同元素之间的一系列关系之中：

$$A:B::B:C::C:D\cdots 。$$

231 例如，如果 A 表示一条线段，B 表示一条相继的线段，等等，那么，以上关系便产生了线上各段的连续性。

现在，我们回到液体中油墨的类比上来。假定我们在液体中已经嵌入了大量的油墨滴，它们相互挨近并排成一线（这次我们不假定它们的颜色不同），我们把它们标为 A、B、C、D……。然后，我们转动外面的玻璃筒许多次，使每滴油墨都产生一个卷入在如此大的空间区域中的油墨微粒系综，以致所有油墨滴中的微粒都相互混合了。我们把这些连续的系综标为 A'、B'、C'、D'……。

显然，在某种意义上，一种未破缺的线性序已经卷入到这液体之中了。这种序可以通过下面的关系来表达：

$$A':B'::B':C'::C':D'\cdots 。$$

对于感官来说，这序是不存在的。然而，它的实在性可通过液体的反向运动而展现出来，致使系综 A'、B'、C'、D'……将展出为原来线性排列的油墨滴系列 A、B、C、D……。

在上面，我们启用了一种先前存在的显析序，它是由排成一线的油墨微粒系综构成的,然后它被变换成了一种被卷入的系综的序。在某种关键方面,后者是与前者相似的。接下来,我们将考虑一种更精巧的序,它不可能从上述变换中产生。

假定现在我们滴入一滴油墨滴 A,再把外面的玻璃筒转动 n 次;然后我们在同一地方滴入第二滴油墨滴 B,再把外面的玻璃筒转动 n 次。如法炮制,继续加入油墨滴 C、D、E……。油墨微粒的最后系综 a、b、c、d、e……现在将以新的方式而彼此相异。因为当液体的运动反向时,这些系综将相继地聚集起来形成各个油墨滴,其顺序与油墨滴滴入的顺序刚好相反。例如,在某一阶段上 d 232
系综的微粒将聚集拢来(此后,这些微粒将再次被拖成一条线)。c 系综的微粒、然后 b 系综的微粒等都会如此。显然,从此可看出:正如 c 系综相关于 b 系综一样,d 系综是相关于 c 系综的,等等。因此,这些系综形成了某种连续的序。然而,这绝不是空间线性序的一种变换(如早先考虑的序列 A'、B'、C'、D'……的那种变换)。因为,在一个时刻一般只展出一个系综;当任一系综展出时,其余的系综仍是卷入着的。总之,我们有了一种序:它不可能把一切同时弄成分析的,然而它却是实在的;正如在当转动玻璃筒时相继的油墨滴便变得可见的情形中它可以被揭示的那样。

我们把这种序叫作内在隐缠序(intrinsically implicate order),以便把它同那种可以被卷入的,但同时可把一切展出成一个单一的显析序的序区别开来。所以,我们这里的例子可以说明一种显析序怎么会是(如 7.2 节所述)更普遍的一组隐缠序的一种特例。

现在,让我们进而把上述两种类型的序结合起来。

我们先在某一地点滴入油墨滴 A,并转动外层玻璃筒 n 次;

然后在挨近 A 的地点滴入油墨滴 B，再转动玻璃筒 n 次（因此油墨滴 A 被 $2n$ 次的转动卷入）。我们沿 AB 线再滴入油墨滴 C，又转动玻璃筒 n 次，结果 A 被 $3n$ 次的转动卷入，B 被 $2n$ 次的转动卷入，C 被 n 次的转动卷入。如此继续下去，我们把大量的油墨滴卷入到黏液之中。然后，我们很迅速地反向转动外层玻璃筒。如果油墨滴出现的速度快于人眼分辨所需的最少时间，那么，我们将看到的显然是一个连续运动着并穿过空间的粒子。

隐缠序中的这种卷入与展出显然可以为电子（比方说）提供一种新的模型，这种模型完全不同于关于粒子的机械观念所提供的流行模型。在后一模型中，粒子在每一时刻只能存在于空间的某

233 一小区域内，它随时间连续地变换它的位置。对于粒子新模型来说，实质之处是电子反倒要通过被卷入的全部系综来理解，这些系综一般不是空间定域化的。在任一特定的时刻，这些系综当中的任何一个可被展出从而被定域化，但是在下一时刻，这个系综就卷入了而被随后的另一系综所取代。存在的连续性观念与以简单、规则的方式变化着的相似形式的急速复现的观念近似（颇像一个迅速旋转的自行车轮子使人产生的印象是实心的圆盘、而不是旋转着的一系列辐条）。当然，更基本地，粒子只是一种显示于我们感官的抽象。实存的总是系综的总体，一切系综同时存在于一个卷入阶段与展出阶段的有序系列之中，它们原则上在整个空间中相互混杂、相互渗透。

进一步明显的是，我们本来能够卷入任何数量的这类“电子”，其形式本来会在隐缠序中相互混杂、相互渗透。然而，当这些形式被展出并呈现给我们的感官时，它们会表现为一组明显地相互分

开的“粒子”。各系综的安排本来可以是这样的：这些类粒子的显示是各自做直线“运动”；或者同样可能的是，这些显示各自沿着互相联系与相互依赖的弯曲轨道“运动”，好像在它们之间存在一种相互作用的力一样。既然经典物理学的传统目的是要按照粒子的相互作用系统来说明每一事物，那么很显然，人们原则上也可以同样好地用我们的卷入系综与展出系综的有序系列模型来处理被经典观念所正确覆盖的全部领域。

我们这里所要提议的是：在量子领域中，这种模型比一组相互作用着的粒子的经典观念好得多。例如，虽然一个电子（比方说）
连续的定域化显示可能彼此非常靠近，以致近似成一条连续的轨 234
迹，但情况不必总是如此。原则上，显示的轨迹可以允许不连续，并且，这当然可以为电子怎么可能不经过中间态而从一种状态变到另一种状态（如 7.2 节所述）提供一种说明基础。由于“粒子”只是一个大得多的结构总体的一种抽象，这当然是可能的。这种抽象就是呈现给我们感官（或仪器）的东西，显然没有理由说它必定做连续运动（或它的确是连续的存在）。

其次，如果过程的总境况改变了，那么就可能出现全新的显示模式。例如，我们回到液中油墨的类比上来。如果玻璃筒改变了，或者如果在液体中放入障碍物，那么，显示的形式和序将不一样。这种依赖性——表现为观察的东西对于总境况的依赖——具有一个特征，跟我们在 7.2 节中提到过的很类似，那就是：按照量子理论，电子可以表现出或者类似于粒子的性质或者类似于波的性质（或者介于二者之间），具体情况依据它们存在于其中的、可在其中被实验观察的所涉总境况。

至此所说的东西表明：隐缠序对物质的量子性质的说明远比传统的机械观念的说明融贯。我们这里所提议的是：隐缠序因此应被看成是基本的。然而，为了充分理解这一提议，有必要把它同隐含在以显析序为基础的机械方法中的观点进行仔细比较。因为，甚至在后一方法中当然也可以承认：至少在某种意义上，卷入与展出能够在种种特殊情况（例如，诸如油墨滴例子中所
235 发生的情况）中发生。然而，这类情况不被认为具有基本的意义。一切基本的、独立存在的和普遍的东西都被认为可在一种显析序中用外在关联的诸元素（这些元素通常被认为是粒子，或场，或两者的某种结合）来表达。每当发现卷入与展出实际发生时，人们因此就假定：最终可以通过更深入的机械分析用基础的显析序来说明（如事实上对油墨滴装置所作的解释那样）这些卷入与展出。

因此，我们关于以隐缠序作为基本序为出发点的倡议意味着：基本的、独立存在的和普遍的东西必须用隐缠序来表达。所以，我们所提示的是：隐缠序是自主能动的，而显析序（如早已指出的）则来自于隐缠序的一个定律，因此，显析序是第二位的、衍生的，只在某些有限的境况中才是适当的。或者说，构成基本定律的关系是在整个空间中相互交织、相互渗透的诸卷入结构之间的关系，而不是呈现给感官（和我们的仪器）的诸抽象和分离形式之间的关系。

那么，在显析序中出现的明显独立与自我存在的“显示世界”，意味着什么呢？“显示”（manifest）一词的词根回答了这个问题。它来自于拉丁语“manus”，意思是“hand”（手）。实质上，显示的东

西是能用手握住的东西——某种坚固的、可触知的和明显稳定的东西。隐缠序在全运动中有其根基；如我们曾看到的那样，全运动是浩瀚的、丰富的，并处于卷入与展出的无终止的流动状态之中，人们只是模糊地知道全运动的大多数定律，而其总体也许甚至最终也无法知道。因此，全运动是不能作为某种坚固的、可触知的、对感官（或仪器）而言是稳定的东西而被把握的。然而，如早先指出的那样，总定律（全法则）可被假定是这样的：在一定的次级序 236
中，在隐缠序的全集内存在一种具有一种近似的复现、稳定性和可分离性的形式总体。显然，这些形式能够以构成我们的“显示世界”的相对坚固、可触知和稳定的元素的面貌出现。于是，以上指出的这种特别突出的次级序（它是这个显示世界所以可能的基础），事实上就是显析序的意指。

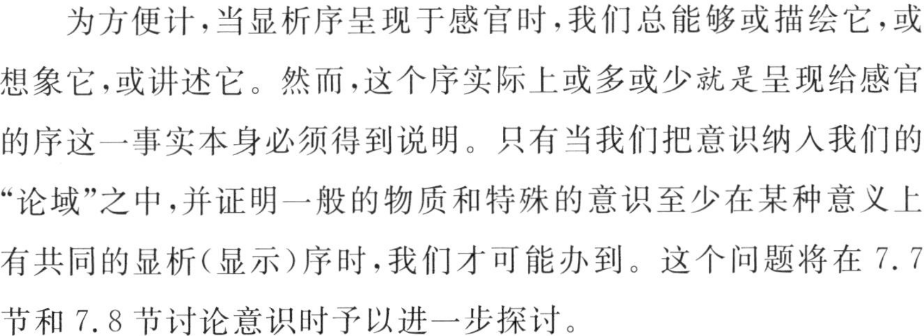

为方便计，当显析序呈现于感官时，我们总能够或描绘它，或想象它，或讲述它。然而，这个序实际上或多或少就是呈现给感官的序这一事实本身必须得到说明。只有当我们把意识纳入我们的“论域”之中，并证明一般的物质和特殊的意识至少在某种意义上有共同的显析（显示）序时，我们才可能办到。这个问题将在 7.7 节和 7.8 节讨论意识时予以进一步探讨。

7.4　作为多维隐缠序的一种指示的量子理论

至此，我们一直是把隐缠序作为发生于通常的二维空间中的一种卷入与展出过程加以介绍的。然而，如 7.2 节所指出的，量子理论包含一种全新的非定域关系，它可以被说成是一种相互远离的不同元素的非因果关联，它在爱因斯坦、波多尔斯基和罗森的实验中得到显示[①]。就我们的目的来说，没有必要讨论非定域关联的技术细节。这里最要紧的是，通过对量子理论的种种蕴涵的研究，人们发现：把一个总系统分析成一组独立存在但相互作用的粒
237 子这一做法将以一种新的方式失效。从数学方程的意义和实际实验的结果两方面来考虑，人们反倒发现：各种粒子事实上必须被看作是不能用任何粒子之间相互作用的力来说明的高维实在的各种投影(projections)[②]。

通过考察下面的装置，我们对这里的投影观念可获得一种有益的直觉意义。开始时，我们在一个透明的长方形水箱中盛满水(见图 7.1)，再假定有两台电视摄像机 A 和 B 穿过两道互成直角的透明壁拍摄水中所发生的事(例如，迂回游动着的鱼)。然后，在另一个房间里把对应电视摄像机所摄的图像在屏幕 A 和 B 上放出来。人们将看到，在两个屏幕上出现的图像之间存在着一定的关系。例如，在屏幕 A 上我们可以看到鱼的一种图像，而在屏幕 B 上我们则看到鱼的另一种图像。在任一特定时刻，每一种图像看上去一般都不同于另一种图像。然而，当一种图像看来是在进行一定的运动时，另一种图像则看来是在进行对应的运动，就这一

① 关于量子理论这一特征的进一步详细处理，参阅 D. Bohm and B. Hiley, *Foundations of Physics*, vol. 5, 1975, p. 93, and D. Bohm, *Quantum Theory*, Prentice-Hall, New York, 1951。

② 数学上，人们能够从一个不能单用三维空间表示的 $3N$ 维“波函数”(其中 N 是粒子数)中推导出这个系统的所有性质。实际上，人们在物理上能发现上述远离元素的非定域、非因果关系，这很好地跟数学方程所隐含的东西相对应。

意义而言，这些差异是有关系的。此外，在一个屏幕上大体呈现的内容将变成另一个屏幕上的内容，反之亦然（例如，一条初始时面对摄像机 A 的鱼转动 90°时，原先在屏幕 A 上的图像现在会在屏 238
幕 B 上发现）。因此，在一个屏幕上呈现的图像内容将关联于并反映着另一个屏幕上的图像内容。

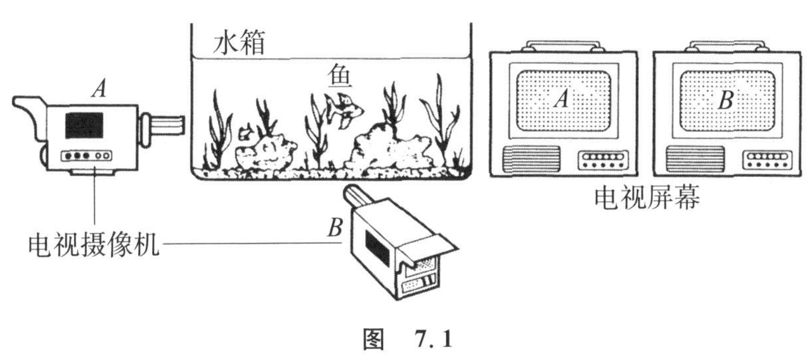

图　7.1

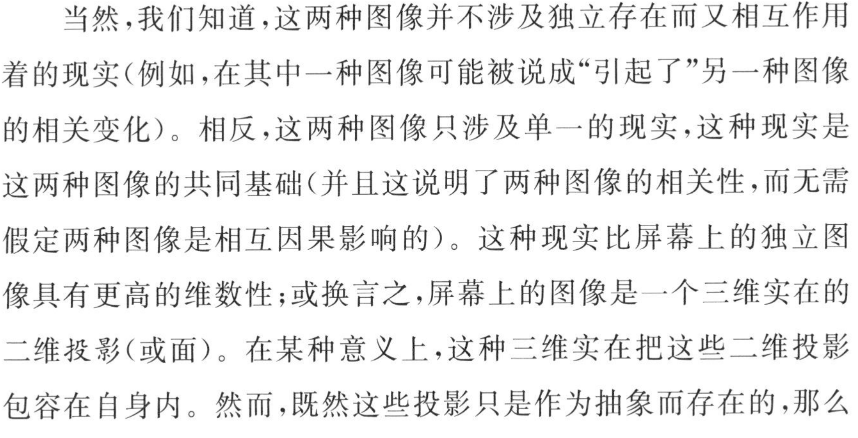

当然，我们知道，这两种图像并不涉及独立存在而又相互作用着的现实（例如，在其中一种图像可能被说成“引起了”另一种图像的相关变化）。相反，这两种图像只涉及单一的现实，这种现实是这两种图像的共同基础（并且这说明了两种图像的相关性，而无需假定两种图像是相互因果影响的）。这种现实比屏幕上的独立图像具有更高的维数性；或换言之，屏幕上的图像是一个三维实在的二维投影（或面）。在某种意义上，这种三维实在把这些二维投影包容在自身内。然而，既然这些投影只是作为抽象而存在的，那么三维的实在就不是这些抽象中的任何一个，毋宁说，它是另外的东西，是超越了两维性质的东西。

我们在这里想提议的是：扩展上述观念就可以理解相互远离元素的非定域、非因果关系的量子性质。这就是说，我们可以把构成一个系统的每一个“粒子”看成是一个“更高维”实在的投影，而不是看作与所有其他粒子共存于共同的三维空间中的独立粒子。例如，在我们早先提到过的爱因斯坦、波多尔斯基和罗森的实验中，初始时结合成一个分子的两个原子中的每一个都应被看成是六维实在的三维投影。如下实验可以证明这一点，这实验是：先使分子分解，当两个原子分离并相距很远后再观察它们，这样它们并不相互作用，从而没有什么因果关联了。实际上所发现的是，两个原子的行为是关联的，其方式跟鱼的两种电视图像的关联方式非
239 常相似。因此（实际上，正如对于这里所涉的量子定律的数学形式的更仔细考虑所进一步表明的），每个电子的行为就像是一种更高维实在的一个投影。

在一定的条件下①，与两个原子对应的两个三维投影可以具有一种行为的相对独立性。当这些条件满足时，把两个原子当作是相对独立但相互作用的、共处于同样的三维空间中的粒子，将是一个很好的近似。然而，更一般地，这两个原子将表明其行为的典型的非定域关联，这更深刻地意味着它们只是上述那种高维实在的三维投影。

于是，由 N 个“粒子”构成的系统是一种 $3N$ 维实在，其中的每个“粒子”都是一个三维投影。在我们经验的通常条件下，这些投影非常接近于独立存在的东西，以致像我们通常所做的那样，把它们看作是一组全部共处于同样的三维空间中的独立粒子将是一个很好的近似。在其他条件下，这种近似是不适当的。例如，在低

① 尤其是存在这样一些情况：在其中组合系统的“波函数”能近似地分解成两个独立的三维波函数（如 D. Bohm and B. Hiley 在前面所引用的书中所表明的那样）。

温条件下，电子聚集体表现出一种新的超导性，在其中电阻消失了，因此电流可以畅通无阻。这可通过以下的表明而得到说明：电子进入了一种不同的状态，在其中它们不再是相对独立的了。相反，每个电子的行为就像是单一的更高维实在的投影，所有这些投影以下述方式共享一种非定域、非因果关联，即它们“合作”绕过障碍，不被散射也不被扩散，因而不遇阻力。（人们可把这种行为比作芭蕾舞，而把通常的电子行为比作以手脚忙乱方式运动着的骚乱不安的人群的行为。）

从以上所有论述中我们可得出结论：隐缠序基本上必须被认 240
作是一种高维空间中的卷入与展出过程。只有在一定的条件下，它才可被简化为三维空间中的卷入与展出过程。迄今为止，不只在液中油墨的类比中、而且在全息的类比中，我们实际上一直在使用这种简化。尽管这样一种处理即使对于全息也只是一种近似。事实上，如本章早已指出的，电磁场（它是全息的基础）服从量子理论的定律，而当这些定律被正确地运用于电磁场时，我们就会发现：电磁场实际上也是一种只在某些确定条件下才能被简化为三维实在的多维实在。

于是，相当一般地，隐缠序必须被扩展为多维实在。这种实在原则上是一未破缺的整体，它包括整个宇宙及其所有的“场”和“粒子”。因此，我们必须说全运动在多维序中卷入和展出着，其维数实际上是无限的。然而，如前所见，种种相对独立的子总体一般能被抽象出来，它们可近似为一些自主的东西。因此，诸子总体的、我们早先作为全运动的基础来介绍的相对自主性原则，现在看来应扩展到实在的多维序。

7.5 宇宙论与隐缠序

从如何用隐缠序来理解物质的一般结构的考虑出发，我们得到了关于新宇宙论的、隐含在这些考虑之中的一些新观念。

为了阐明这些新观念，我们首先注意到，当量子理论运用于场（以上一节所讨论的那种方式）时，就发现这种场的可能能态是分
241 立的（或量子化的）。在某些方面，场的这样一种状态是一种扩展于一广大空间区域的似波激发。虽然如此，它不知怎的也拥有一个正比于其频率的分立能量（和动量）量子，因而在其他方面它像一个粒子①（例如，一个光子）。然而，如果人们考虑空的空间中的电磁场（举个例子），那么，根据量子理论便会发现，该场的每一个如此的“波-粒”激发模式都具有所谓的“零点”能，低于零点能它便动弹不了，即使当其能量降到可能的最低值也不行。如果人们把任何一个空间区域中所有的“波-粒”激发模式的能量加起来，那结果就是无穷大，因为存在无数的波长。然而，有充分的理由假定，人们不必连续不断地把越来越短的波长的能量加起来。也许存在某种最短的波长，致使总的激发模式（从而能量）将是有限的。

事实上，如果人们把量子理论的规则运用到人们普遍接受的广义相对论上，便会发现，引力场也是由这种“波-粒”激发模式构成的，每一种模式都有一个最小的“零点”能。因此，引力场以及距离含义的定义，就不再是完全确定的了。当我们不断地把对应于

① 这正是 7.2 节描述的物质的类波性质和类粒子性质结合的实例之一。

越来越短的波长的引力场激发加起来时，就会达到一定的、在该处空间和时间的测量统统变得不可定义的长度。超过此长度，我们所知道的关于空间和时间的整个观念就会消亡，变成某种目前还不能详细说明的东西。所以，至少暂时有理由假定：这就是应被视为促成空间的“零点”能的最短波长。

若估计一下这个长度，其结果大约是 10^{-33} 厘米。这比迄今的物理实验探测到的任何东西都短得多（物理实验已探测到 242
10^{-17} 厘米左右）。如果人们根据这种最可能短的波长来计算 1 立方厘米空间内的能量，其结果将大大超出已知宇宙中所有物质的总能量①。

本提议隐含的内容是：我们叫作空的空间的东西包含着浩瀚的能量背景，我们所知道的物质只是这种背景顶上的一点小小的、“量子化的”类波激发，它很像汪洋大海上的一道小波纹。在现行的物理学理论中，人们避免考虑这种能量背景，而只计算空的空间的能量与其中含物质的空间中的能量之间的差。这个差就是当物质的一般性质被呈现于观察时用来确定这些性质的全部根据。然而，物理学的进一步发展可能会以更直接的方式探查上述能量背景。而且，甚至在现在，这个浩瀚的能量海洋在理解作为一个整体的宇宙时可能起到关键作用。

在这一点上可以说，空间（它拥有如此多的能量）是充实的而不是空的。在哲学和物理学思想的发展中，空的空间和充实空间这两种对立的观念事实上一直不断地交替着。例如，在古希腊，巴

---

① 这类计算是在 D. Bohm，*Causality and Chance in Modern Physics*，Routledge & Kegan Paul，London，1957，p. 163 中提示的。

门尼德学派和芝诺认为空间是一种充实。这种观念遭到德谟克里特的反对，他或许是首次认真地提出了这样的世界观：空间被想象成空空如也（即真空），物质微粒（例如，原子）在其中可自由运动。现代科学一般是偏爱这后一原子观点的，但在 19 世纪人们假设以太充斥于所有空间，这前一观点也曾得到认真的对待。被认为是
243 由以太中特殊复现稳定的和独立的一些形式（诸如涟漪或漩涡）构成的物质，通过这种充实而传播，好像后者是空的一样。

现代物理学采用了一种与此相似的观念。按照量子理论，在绝对零度时晶体允许电子穿过而不让它们散射。这些电子通过时好像空间是空的一样。当温度升高时，出现种种不均匀性，它们使电子散射。如果人们准备用这些电子来观测该晶体（即用电子透镜使电子聚集以便形成图像），那么，将会看到的东西正好就是这些不均匀性。于是，情况似乎是，种种不均匀性是独立存在的，晶体的主体全然什么也没有。

于是，这里所提示的是：我们通过感官感知到空的空间实际上是充实，它是任何事物（包括我们）存在的基础。呈现给我们感官的事物是衍生形式，其真正意义只有当我们考虑充实时才能理解。在充实中，这些衍生形式被产生出来和维持下去，并最终消失在充实之中。

然而，这种充实不再能用简单的物质媒介（诸如以太）的思想来想象，后者被看成只在三维空间存在和运动着。相反，人们应该首先想到全运动，在全运动中存在着早先讲过的浩瀚的能量"海"。这能量海要按 7.4 节勾勒的线索用多维隐缠序来理解，而整个物质宇宙（如我们一般观测它的那样）要作为一个较小的激发图样来

处理。这种激发图样是相对自主的，并在三维显示显析序中产生出近似复现的、稳定的和分离的种种投影，这或多或少等价于我们共同经验到的空间序。

心中记住这一切的同时，让我们考虑当代普遍接受的如下观 244
念：宇宙（如我们所知的那样）起源于近乎是单一的空间和时间点上发生于某个几百亿年前的一次“大爆炸”。在我们看来，这个“大爆炸”实际上应被看作只是一个“小涟漪”。考虑下面一个事实，我们可以得到一幅有趣的图像：在实际的海洋（即在地球表面上）中部，无数小波浪偶然地聚集起来，并且由于偶然地存在如此的相位关系，这些小波浪最后到达某个小空间区域内，突然产生一个非常高的波浪，好像是从不存在的地方和虚无中冒出来的。或许，与此类似的事物在浩瀚的宇宙能量海中可能发生，产生出一个突然的波脉冲，从中会诞生出我们的“宇宙”来。这个脉冲会向外爆炸，分散成一些较小的、进一步向外扩展以构成我们的“膨胀宇宙”的涟漪，作为一种特别突出的、分析与显示的序，后者会有它的被卷入其中的“空间”①。

根据本提议可得出如下结论：试图把我们的“宇宙”理解成为独立于宇宙能量海而自存在的流行观念，充其量只在某种有限的意义上是有效的（这依赖于把相对独立的子总体观念运用于我们的“宇宙”到何种程度）。例如，“黑洞”可以把我们引入这样一个区域，在其中宇宙的能量背景是很重要的。当然，也可能存在许多其他的如此膨胀着的宇宙。

---

① 在7.8节我们将看到，时间以及空间也能以这种方式被卷入。

而且必须记住，即使这个浩瀚的宇宙能量海也只涉及在大于临界长度 10^{-33} 厘米（在前面已提及）的标度上所发生的事情。但是，临界长度只是对日常的空间和时间观念的可运用性的一种限制。假定在此限制之外根本不存在什么东西实际上是很武断的。毋宁说，在此限制之外很可能存在一个更深层次的领域或领域群，对它们的本性我们至今几乎不知或全然不知。

245 至此，我们所看到的是，从显析序进展到简单的三维隐缠序，然后进展到多维隐缠序，再扩展到被感觉为虚空的浩瀚能量“海”。下一步可能导致超越上面提到的 10^{-33} 厘米的临界限制，更进一步地充实与扩展隐缠序观念；或者，可能引出某些甚至不能在隐缠序进一步发展的构架内来理解的崭新观念。然而，在这方面无论存在什么样的可能性，我们显然可以假定，各种子总体的相对自主性原理继续有效。任何子总体（包括我们迄今考察过的种种子总体）在某一点之内可以凭它本身的资格而被研究。因此，尽管不能假定我们已经获得了绝对终极真理的纲要，但我们至少可以暂时不去考虑在虚空的浩瀚能量之外的东西，并进而去阐明迄今已揭示自身的子总体序所具有的种种更深蕴涵。

7.6　隐缠序、生命和总体必然性力

在这一节中，我们将如此阐明隐缠序的意义：首先说明如何能够在一个单一的、共同的基础上对无生命物质与生命两者作综合的理解；然后，我们进而为隐缠序的定律提出一种更一般的形式。

让我们先考虑一株活的植物的生长。它的生长始于一粒种子，但这粒种子对植物的实际物质实体或植物生长所需的能量几乎不能或根本不能提供什么。后者几乎完全来自土壤、水、空气和阳光。按照现代理论，种子以 DNA 的形式包含了信息(information)，这种信息以某种方式“指导”环境去形成一株相应的植物。 246

根据隐缠序我们可以说，甚至无生命的物质也在一个类似于植物生长的连续过程中保持它自身。例如，在电子的“流体中油墨滴模型”(ink-in-fluid model)中，我们看到：这样一个“粒子”被理解为一种复现稳定的、在其中规则变化着的一定形式屡次呈现的展出序，但其呈现如此急速，以致它就像处于连续的存在中一样。我们可以把这种情况与一片森林进行比较，森林是由连续不断地死亡并被新的所取代的树木所构成。如果在一个长时间标度上考虑，这片森林同样可以看成是一个连续存在的但在缓慢变化的实体。所以，当用隐缠序来理解时，在某些关键方面无生命的物质和有生命的东西都被看成基本上是类似于其存在模式的。

当让无生命的物质自然发展时，上述的卷入与展出的过程正好重新产生一个类似的无生命物质形式；但当这过程被种子所进一步“通知”时，它就开始产生一株活的植物。最后，这株植物结出了一粒新种子，在该植物死亡后这粒种子又使整个过程继续下去。

既然植物是通过与其环境交换物质和能量而形成、维持和解体的，那么，在哪一点上我们可以说在活的东西与死的东西之间存在明显区别呢？很显然，一个越过细胞边界变成一片叶子的二氧化碳分子不是突然“变活”的，而当一个氧分子被释放进大气之中时也不是突然“死去”的。相反，生命本身在某种意义上必须被看作是属于一个总体(包括植物和环境)。

事实上可以说：生命是卷入在总体之中的；甚至当生命未呈现出来时，它也以某种方式“隐含”在我们一般叫作无生命的情态之中的。考虑由这样一些原子构成的系综，我们就能阐明这一点，这
247 些原子现在全在环境之中，但最终它们将构成一株从某粒种子开始长成的植物。在某些关键方面，这个原子系综显然类似于7.3节考虑过的油墨粒子形成一油墨滴的情况。在这两种情况中，系综的元素都必定会聚合起来贡献给一个共同的目的（一种情况是油墨滴，另一种情况是一株活的植物）。

然而，以上所述并不意味着：生命可以完全还原为无非出自于只受无生命物质定律支配的基础活动（尽管我们不否认生命的一定特征可以这样来理解）。相反，我们正在提议的是：由于全运动的观念被从三维隐缠序到多维隐缠序、再到“空的”空间中的浩瀚的能量“海”的过渡所丰富了；所以，现在我们可以通过宣称全运动在总体上也包括生命的原理来进一步丰富全运动观念。于是，无生命物质被看作是相对自主的子总体，至少在我们目前所知的子总体中生命还没有有意义地呈现出来。这就是说，无生命物质是从属的、衍生的，是从全运动中抽象出来的特殊形式（如全然独立于物质的“生命力”观念也会如此一样）。实际上，“生命隐含”（life implicit）的全运动是“生命显析”和“无生命物质”两者的基础，这基础是首位的、自存的和普遍的东西。因此，我们既不把生命与无生命物质分裂开来，也不试图把前者完全还原为无非是后者的产物。

现在，让我们把上面的探讨置于更一般的形式之中。如上所见，对全运动定律来说，基本的东西是抽象出一组相对自主的子总

体的可能性。我们现在可以再加一条：每一种如此抽象出来的子总体的定律只在一个相应的总情况（或一组相似的情况）中定义的 248
一定条件下与限度内才十分普遍地运作。这种运作一般具有以下三个关键特征：

1. 一组隐缠序。
2. 隐缠序中的一个特别突出的情况，它构成了显示的一种显析序。
3. 表示必然性之力的普遍联系（或定律），它把隐缠序的一组元素结合起来，以使这些元素贡献于共同的显析目标（它跟另一组相互渗透、相互混杂的元素将贡献的目标是不同的）。

这种必然性之力的起源不能只用属于那类所涉情况的显析序和隐缠序来理解。宁可说，在这一层次上，这种必然性必须单纯地作为所涉总情况所固有的东西来接受。对于其起源的理解会把我们带到相对自主性的一个更深层、更综合、更内在的层次上去。然而，这一层次也会有其隐缠序和显析序以及一个相应的将引起它们相互转化的更深层、更内在的必然性之力①。

总之，我们所提议的是：这种相对自主的子总体的定律形式（它是对我们迄今研究过的所有定律形式的一致推广）应被看作是普适的；并且，在我们随后的工作中，我们将（至少是尝试性和暂时地）探究这种观念的种种内涵。

① 试与 D. Bohm and B. Hiley 在前面所引用的书中所提示的子系统、系统、超系统思想相比较。

7.7 意识与隐缠序

在这一点上可以说，我们至少已经概述出了关于宇宙论的观
249 念和实在的一般本性的观念的纲要（尽管用合适的细节来“充实”这一纲要当然要求大量的进一步工作，其中的大部分工作仍然有待去做）。让我们现在考虑，如何能够联系这些观念以理解意识。

首先我们要提出：在某种意义上，意识（我们认为它包括思想、情感、欲望、意志等）应该用隐缠序连同作为一个整体的实在来理解。这就是说，我们在提示着：隐缠序既适用于物质（有生命的与无生命的），又适用于意识；因此，隐缠序使得对这两者的一般关系的理解成为可能，从这种关系中我们得以达到关于物质与意识的共同基础的某种观念（颇像在上一节讨论无生命物质与生命的关系中也提示过的那样）。

然而，迄今业已证明：要理解物质与意识的关系是极其困难的。困难的根源在于：物质与意识的本性，如它们在我们的经验中表现出来的那样，存在着非常大的差异。笛卡尔非常清楚地表达过这种差异，他把物质说成是“广延实体”，而把意识说成是“思想实体”。显然，笛卡尔用“广延实体”指的是由存在于空间中的种种独特形式构成的东西，它处于一种基本上相似于我们一直叫作显析序的广延-分离序之中。笛卡尔使用跟“广延实体”形成鲜明对照的“思想实体”一词清楚地表示：出现于思想中的各种独特形式并不存在于这样一种广延-分离序（即某种空间）之中，而是处于一种不同的序之中，广延和分离在其中没有基本的重要性。隐缠序

正好具有和思想实体一样的性质；所以，在某种意义上，笛卡尔或许预见到，意识必须用一种更接近于隐缠序而不是接近于显析序 250
的序来理解。

然而，如果我们像笛卡尔那样一开始就把广延和分离看作是物质首要的东西，那么，在这种观念中我们就看不到任何东西可以作为物质和意识之间关系的基础了，因为它们是如此的不同。笛卡尔清楚地知道这个难题，事实上他提议借助以下的想法来解决它，即：上帝使这种联系成为可能，他超越于物质与意识（他实际上创造了这两者）而外在地存在着，是有能力给后者以可普遍地运用于前者的“种种清晰与独特的观念”的。从那以后，上帝关照这种需要的观念逐渐被抛弃了，但是人们一般没有注意到理解物质与意识的关系的可能性也由此崩溃了。

然而在本章中，我们已较详细地表明：作为一个总体的物质可用隐缠序是物质直接的和首要的实在性这种观念来理解（而显析序可作为隐缠序的一种特殊而突出的情况衍生出来）。于是，这里产生的问题是，实际的意识“实体”究竟能否（在某种意义上如笛卡尔已预见到的）也用隐缠序是它的首要与直接的实在性这种观念来理解。如果物质和意识一道能这样用同样普遍的序观念来理解，那么，这就开辟了在某种共同基础上理解物质与意识的关系的道路①。这样，我们就有了未破缺整体性新观念的萌芽，在其中意识不再是与物质基本上相分离的。

让我们现在来考虑什么是物质与意识具有共同的隐缠序这一

① 这一观念曾在第三章中以初步方式提示过。

观念的正当理由。第一，我们注意到物质一般是我们意识的首要
251 对象。然而，如我们在这整章中所看到的，诸如光、声等各种能量都在连续不断地把原则上涉及整个物质宇宙的信息卷入到每一空间区域中。经由这个过程，这种信息当然就可能进入我们的感觉器官，进而通过神经系统到达大脑。更深入地，我们身体中的一切物质从一开始就以某种方式卷入了宇宙。最初进入意识的就是这种被卷入的信息结构和物质结构吗(例如，在大脑和神经系统中)?

让我们先来考虑信息是否实际上被卷入在大脑细胞之中这个问题。对大脑结构的研究工作，尤其是普里布拉姆(Pribram)[①]的工作，对这问题提供了某种启示。他给出证据以支持他的如下倡议：记忆的东西一般是如此记录在整个大脑中的，即涉及某一对象或性质的信息不是贮存在一个特殊的细胞或大脑的某个特定部位中，而是该全部信息被卷入在整体之中。在功能上，这种贮存相似于一张全息，但其实际结构要复杂得多。于是，我们可以提示，当大脑中的“全息”记录被适当地激活时，其反应是产生神经能量的一种其构成类似当初产生该“全息”的部分经验的图样。但是，这跟全息也有差异，即：它不那么精细，许多不同时刻形成的记忆可以融合，而且联想和逻辑思维可以把各种记忆关联起来，以使整个能量图样形成更进一步的序。此外，如果感官材料还被同时注意到，那么，这种来自记忆的反应整体一般将与来自感官的神经兴奋融合起来，以产生一种在其中记忆、逻辑和感官活动结合成为单一不可分析整体的总体经验。

① 参阅 Karl Pribram, *Languages of the Brain*, G. Globus *et al*. (eds), 1971; *Consciousness and the Brain*, Plenum, New York, 1976。

当然，意识比这里描述的东西更为丰富。它还包括悟性、注意、感知、理解活动，或许还有更多的东西。在第一章中我们提示，252
这些东西必定超出了机械反应的范畴(诸如大脑功能的全息模型本身包含的那种反应)。所以在研究这些东西时，比起只讨论感觉神经的激发图样和这些激发图样如何可能在记忆中被记录下来，我们的研究可能更接近实际的意识经验的实质。

对于跟这些东西一样微妙的官能做更多的描述是困难的。然而，对于在一定的经验中所发生的事进行反思并对其给予仔细注意，人们可以获得一些有价值的线索。例如，考虑人们在听音乐时所发生的事。在某个特定时刻，某个音符被演奏出来，但是一些刚演奏过的音符仍然在意识中“回响”。仔细的注意将表明：所有这些回响同时存在并同时活动，乃是直接并立即感受到运动、流动和连续性的原因。若听一组音符时间隔很久以致没有这种回响，那么，就会完全毁坏一个赋予所听到的东西以意义和力量、不破缺与鲜明的运动的完整感觉。

从以上所述可以清楚地看到：人们不是通过“抓住”过去，借助于对音符序列的记忆并把这过去与现在进行比较来经验这完整运动的实在的。相反，就像通过进一步的注意可以发现的那样，使这种经验成为可能的“回响”不是记忆而是早先出现的东西的主动变换。在此变换中有待发现的不只是耳朵听到原始声音的强度一般随时间流逝而减弱的扩散感觉，而且还有各种情绪反应、身体感受、刚出现的肌肉运动以及十分广泛的、更深层次(通常极其微妙)的种种意义的唤起。这样，人们就能获得关于一个音符序列怎样卷入到不同意识层次之中，关于在任一特定时刻从许多被如此卷

253 入的音符产生的这些变换怎样相互渗透、相互混杂，从而引起对运动的直接与原初感觉的直接感受。

意识中的活动显然惊人地相似于我们通常为隐缠序而提出的活动。例如在7.3节中，我们给出了一种电子模型，在此模型中，任一时刻都有一组共存的、从不同电子变换来的系综；在这些系综被卷入的各个级别上，它们是相互渗透和相互混杂的。在这种卷入中，整组系综不仅在形式上而且在结构上都发生了根本的变化（在第六章中我们把这种变化称为变状）；然而，在所有这些变化中，序的一种微妙而基本的相似性被保存了下来，在此意义上，诸系综中有一定的序总体保持不变①。

在音乐中，如我们所看到的，存在一种基本相似的、在其中一定的序也被保存下来的（音符）变换。两种情况的关键区别是：在我们的电子模型中，当系综的许多不同但相互关联的变换级别一起出现时，被卷入的序是在思想中把握的；而在音乐中，当调子和声音的许多不同但相互关联的变换级别同时出现时，它是被直觉感受的。在音乐中，人们对于在各种共同存在的变换之间的紧张与和谐有一种感受；这种感受在理解处于一种未破缺的流运动之中的音乐确实是首要的。

在听音乐时，人们因此直接感知着隐缠序。隐缠序不断地流入情绪反应、生理反应和其他反应之中（这些反应与实质上构成它的种种变换是不可分割的），显然在这种意义上，隐缠序是主动的。

类似的观念看来能应用于视觉。为了阐明这一点我们来考虑

① 例如，如7.3节所表明的，一组线形有序排列的油墨滴能以如下方式完全被卷入，致使这序仍被微妙地保留在油墨微粒系综的完全集合之中。

人们观看电影银幕时所产生的运动感觉。实际上发生的情况是，254
一系列影像（每个影像都稍许不同）闪现在银幕上。如果各影像被长时间间隔分开来，人们就得不到连续运动的感觉；相反，所看到的是一系列没有联系的、或许还伴随着跳动感的影像。然而，如果影像彼此挨得很近（比如，百分之一秒），那么，人们就有一种直接经验，它仿佛来自一个连续不断地运动与流动着的、无破缺的实在。

考虑一个众所周知的、借助于频闪装置产生的运动幻觉，甚至可以更清楚地阐明上述观念。频闪装置如图 7.2 所示：

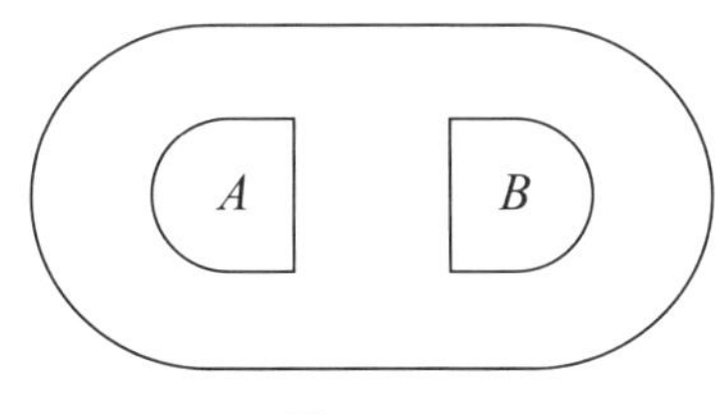

图　7.2

利用电激手段可控制封在一个灯泡内的两个盘 A 和 B 发光与不发光。可让光急速地闪烁，以致显得光是连续的；但每次闪烁都安排 B 稍比 A 迟一点亮。于是，人们实际感受的是 A 和 B 之间的一种“流运动”的感觉，而不是反常地感觉没有东西从 B 中流出来（如果真有一实际的流动过程，那这与人们所期望的相反）。这就意味着：当眼睛的视网膜上邻近位置有两个图像，而其中的一个比另一个稍迟点出现时，一种流动的感觉是被经验到的。（与此密切相关的是如下事实：一张快速行驶的汽车的模糊不清的照片，包含着一系列地点稍有不同的重叠图像，它比用快速照相机摄下的线条分明的照片使我们更直接与生动得多地感受到运动。）255

看来很明显，上述未破缺的运动感觉基本上相似于由一个音调序列所产生的感觉。在这方面，音乐和视觉形象之间的主要差异是：后者在时间上可以靠得如此近，以致不可能在意识中被分辨。然而，很明显的是，当这些视觉形象“卷入”大脑和神经系统时，它们也必须经历主动的变换过程（例如，它们引起了情感的、心理的和其他更微妙的种种反应，人们从这些反应中同样只能朦胧地意识到在某些方面类似于音乐调子回响的种种“余象”）。尽管两种形象的时间差异可以很小，但是上面所举的例子清楚地表明：当这两种形象渗透到大脑和神经系统时，它们必定会引起同时存在的种种变换的相互混杂与相互渗透，对于运动的感觉就是通过这种相互混杂与相互渗透而被经验到的。

所有这一切暗示我们：非常普遍地（不只是听音乐这一特例），在我们对运动的直接经验的序与我们的思想所表达出来的隐缠序之间，存在一种基本的类似性。这样，我们就为我们的思想以一致的模式来理解运动的直接经验带来了可能性（事实上这就解决了芝诺的运动佯谬）。

为了理解这是怎样发生的，我们来考虑通常人们是怎样按照一条线上的一系列点来思考运动的。让我们假设：在某个时刻 t_1 粒子处在某个位置 x_1，而在下一时刻 t_2 该粒子处在另一位置 x_2。于是，我们说这个粒子在运动，其速度是

$$v=\frac{x_2-x_1}{t_2-t_1}\text{。}$$

256 当然，这种思维方式无论如何都不能反映或表达我们在一给定时刻对运动所可能具有的直接感受，例如，对于意识中音乐调子连续回响的感受（或者对于快速行驶汽车的视觉感受）。毋宁说，这种

思维方式只是运动的一种抽象符号化，它与实际的运动有关系，这种关系类似乐谱与对音乐本身的实际感受之间的关系。

如果我们像通常那样把上述抽象符号化看作是运动真实性的忠实表示，那么，我们就会陷入一系列混乱的、基本上不能解决的疑难之中。所有这些疑难都跟我们表示时间的如下形象有关，即它好像是排成一线的、不知怎么地同时出现在我们的或者上帝的抽象注视前的一系列点。然而，我们的实际经验是：如果一特定时刻（比方说 t_2）是现在的和实际的，那么较早的时刻（比方说 t_1）就是过去了的。这就是说，t_1 这个时刻已过去了，不存在了，绝不再复返了。因此，如果我们说一个粒子现在（在 t_2 时刻）的速度是 $(x_2-x_1)/(t_2-t_1)$，那么，我们正试图把现存的东西（即 x_2 和 t_2）与现在不存在的东西（即 x_1 和 t_1）关联起来。当然，我们能够抽象地、符号化地这样做（事实上，这是科学和数学中的共同实践），但是不能靠这种抽象的符号体系来理解的更深层次的事实是：现在的速度在现在是主动的（例如，它确定着一个粒子从现在起将怎样影响自身以及与其他粒子的关系）。我们该怎样理解现在不存在并且一去不复返的一个位置（x_1）的现在的活动呢？

通常认为，这个问题由微分运算来解决。这里要做的是让时间间隔 $\Delta t=t_2-t_1$ 以及 $\Delta x=x_2-x_1$ 趋于无限小。现在的速度被定义为当 Δt 趋于 0 时比率 $\Delta x/\Delta t$ 的极限值。于是，这意味着上述问题不再产生了，因为 x_2 和 x_1 实际上是取作同一时间。因此，它们可以一起出现，并且在一种依赖于这两者的活动中关联起来。257

然而，稍加反思就可发现：这个步骤仍然是抽象的和符号化的，就像原先把时间间隔看成是有限时所采取的步骤一样。因此，人们既不可能直接体验到零长的时间间隔，也不能利用反思来弄清楚这可能是什么意思。

甚至作为一种抽象的程式，这种方法既不是在逻辑意义上完全一致的，也不具有普遍的可应用范围。实际上，这种方法只在连续运动的领域内才适用；并且，作为一种技术性的算法它对连续运动来说碰巧是正确的。然而，如我们所看到的，根据量子理论，运动基本上是不连续的。所以，甚至作为一种算法，它通常的应用范围局限于用经典概念（即用显析序）表述的那些在其中它为计算物体的运动提供了一种好的近似的理论之中。

然而，当我们用隐缠序来思考运动时[1]，这些问题就不会产生。在隐缠序中，运动是用一系列相互渗透与相互混杂的、全都共存于不同卷入级别中的元素来理解的。于是，这种运动的活动不产生困难；因为，它是这整个卷入序的一种结果，是由共存元素之间的关系确定的，而不是由存在的元素与不再存在的元素之间的关系确定的。

于是我们看到：用隐缠序来思维，我们就达到一个逻辑上一致并且正确表示了我们对于运动的直接经验的观念。这样，长期以来渗透在我们文化中的抽象逻辑思维与具体直接经验之间的尖锐分裂，就无需再保持下去了。反之，有可能创造出一种从直接经验
258 到逻辑思维和反过来从逻辑思维到直接经验的不破缺的流运动，从而结束这种分裂。

而且，现在我们能够以一种新的和更一般的方式来理解我们

[1] 如第六章附录中所表明的，关于隐缠序的基本算法是一种代数而不是微积分。

提出的关于实在的一般本性的观念，即现在的东西是运动的。实际上，使我们难以根据这种观念来工作的东西是：我们通常按照传统方法把运动看作是现在的东西与现在不存在的东西之间的一种主动关系。因此，我们关于实在的一般本性的传统观念就等于说，现在的东西是现在的东西对于现在不存在的东西的一种主动关系。这种说法至少是混乱的。然而，用隐缠序的说法，运动是现在的东西的某些状态与现在的东西的其他状态之间的关系，这些不同状态是处于不同的卷入阶段中的。这观念意味着：作为一个整体，实在的实质是处于不同卷入阶段的不同状态之间的上述关系（例如，不是全为显析的和呈现的粒子和场之间的一种关系）。

当然，实际的运动不仅涉及对于不破缺流动的直接的直观感受，这种直观感受只是我们直接经验隐缠序的方式。这种对于流动的直观感受的出现，一般进一步意味着：在下一时刻事态实际上将发生变化，即它将变得不同。我们应该怎样用隐缠序来理解这种经验事实呢？

当我们（在我们的思维中）说一组观念包含着一组完全不同的观念时，对于所发生的事情进行反思和给予仔细注意，就会得到有价值的线索。当然，“包含”（imply）一词和“隐缠”（implicate）一词有相同的词根，因此“包含”也涉及卷入的观念。事实上，当我们说某事物是隐含的时候，通常的意思不仅是说这事物是通过逻辑规则从其他事物中导出的逻辑结果。而且，我们通常是指一种新观念是从许多不同的思想和观念（其中有些是我们明晰地意识到的）
中产生的，这新观念以某种方式把所有那些不同的思想和观念联 259
结成一个具体的和未分割的整体。

于是，我们看到：意识的每一时刻都具有某种明晰的(explicit)内容(它是前景)和一种隐含的(implicit)内容(它是一种对应的背景)。我们现在提出：不仅直接经验最能用隐缠序来理解，而且思想也基本上能用这种序来理解。我们在这里所指的不仅是我们已开始使用隐缠序对之解释的思想内容(content)，还指思想的处于隐缠序之中的实际结构、功能和活动。因此，思想中隐含东西与明晰东西之间的差异在这里被视为实质上等同于一般物质中隐缠东西与显析东西之间的差异。

为了帮助阐明这里的意指，让我们来简略地回顾一下子总体定律的基本形式(在 7.3 节和 7.6 节中讨论的)，即：属于某一特征系综(例如，油墨粒子系综或原子系综)的、正准备构成下一个卷入阶段的被卷入元素，受制于一种把这些元素聚合起来的总体必然性之力，这力使它们贡献于一个共同的、在所涉过程的下一阶段出现的目标。类似地，我们提出：卷入在大脑和神经系统中的、正准备构成一个思维路线的下一个发展阶段的元素系综同样是受制于总体必然性之力，这力把这些元素聚合起来，使它们贡献于一个共同的、在意识的下一个时刻出现的观念。

在此研究中，我们一直使用着意识可用一系列时刻来描述的思想。我们注意到：一给定的时刻不可能在与时间(例如，由时钟标明的时间)的关系中被准确地固定下来；相反，它是覆盖着模糊定义的、扩展于时间域的某种变量。如早先所指出的，每一时刻都是在隐缠序中被直接经验到的。我们还进一步看到：通过总情况
260 中的必然性之力，一个时刻引起了下一时刻，在这中间，原先隐缠的内容现在变成了显析的，而原先显析的内容则变成了隐缠的(例

如在油墨滴的类比中所发生的)。

上述过程的连续性说明了从一时刻到另一时刻的变化是怎样发生的。原则上,任一时刻的变化可以是一种基本的和根本的变换。然而,经验表明,在思想中(如在一般的物质中一样)通常存在大量的、致使种种相对独立的子总体成为可能的复现和稳定性。

在任一这样的子总体中,存在着一定的思路连续性的可能性,这种连续性是卷入在一个相当规则的变化方式之中的。显然,这思想序列的精确特征,如它从某一时刻卷入到下一时刻一样,一般依赖于早先诸时刻的隐缠序内容。例如,包含着对于运动的感受的某一时刻,相当普遍地易于被下一时刻的变化所尾随。原先的运动感受愈强烈,这种变化便愈大(因此,如在前述频闪装置的情形中一样,当这种情况不出现时,我们便觉得发生了某种意外的或荒谬的事情)。

如我们关于一般物质的讨论一样,现在有必要研究在意识中显析序如何成为呈现的东西。如观察和注意所表明的[心中记住"呈现的"(manifest)一词的意思是复现的、稳定的和可分离的],意识的呈现内容实质上是以记忆为基础的,记忆就是允许用非常恒定的形式来把握这一内容的东西。当然,为了使这种恒定性成为可能,不仅需要通过相对固定的联想,而且还需要借助于逻辑规则以及我们关于空间、时间、因果性、普遍性等基本范畴来组织这
一内容。这样,就可以发展一个关于概念和精神形象的总系统,这 261
个总系统多少是这个"呈现世界"的忠实表征(representation)。

然而,思想过程不只是呈现世界的表征;而且,它还对我们怎样经验这个世界做出重要贡献。因为,如我们早先所指出的,这经

验是感官信息与某种记忆内容的“重现”的一种融合(后者包含构入其形式和序之中的思想)。在这经验中,将有一个具有复现的、稳定的和可分离的等特征的强大背景;在此背景里,不破缺的经验流的瞬息变化着的诸方面,将被看作是飞逝的印象,它往往是主要按过去广泛记录下来的相对静止而破缺的总体内容来安排和序化。

实际上,人们可以提出相当多的科学证据来说明,我们的许多意识经验怎样是一种以记忆为基础的、以上述一般方式经由思想组织起来的建构物①。然而,详细地研究这个论题会离题太远。但是,在这里提一下皮亚杰②的观念可能是有益的。皮亚杰清楚地阐明:对于我们熟悉的空间、时间、因果性等的序(这实质上是我们一直称为显析序的东西)的意识,只在人类个体生活的最早阶段中的很小范围内起作用。相反,如他通过仔细的观察所表明的,绝大部分婴儿首先在感官驱动的经验范围内学习这内容,后来长大时他们就把这经验与其在语言和逻辑中的表达联结起来。但是,婴儿似乎从最幼小时起就有了一种对于运动的直接悟性。想到运动原初是在隐缠序中感受的,我们看到皮亚杰的工作支持了以下观念,即:对于隐缠序的经验基本上比对于显析序的经验远为直截
262 了当。如我们在上面所指出的,对显析序的经验需要一种复杂的、由学习得来的建构。

我们一般不注意隐缠序的原初性的原因之一是:我们已变得

① 更详细的讨论参阅 D. Bohm, *The Special Theory of Relativity*, Benjamin, New York, 1965, Appendix。

② 参阅出处同上。

如此习惯于显析序，并且，我们在我们的思想和语言中如此多地强调它，以致强烈地倾向于觉得我们原初经验是对于显析的和呈现的东西的经验。另一个或许更重要的原因是：激活记忆中的东西（其内容主要是复现的、稳定的和可分离的东西），显然必定把我们的注意强烈地集中在静止的和破缺的东西上面。

于是，这促成了这样一种经验：由于在流中那些静止和破缺的特征常常如此强烈，以致未破缺流（例如，音调的“不断变换”）的更短暂、更微妙的特征一般易于黯然失色，显得没有意义，至多使人朦胧地意识到这些特征。这样，就可能产生一种错觉：呈现为静止和破缺的意识内容被经验为实在的真正基础，并且，人们从此错觉中显然可以获得视这内容为基本的思维方式的正确性的证据①。

7.8　物质、意识及其共同基础

上节一开始我们就提示：物质和意识两者都能用隐缠序来理解。现在，我们要说明，我们相关于意识所发展的那些隐缠序观念，如何可能与涉及物质的隐缠序观念联系起来，以便能够理解这两者如何可能有一共同基础的。

我们首先注意到（如第一章和第五章所指出的），物理学中流行的相对论用终极元素是点事件（即在相对小的空间和时间区域 263
内发生的事情）的过程来描述整个实在。我们则提议：基本元素是时刻（像意识的时刻一样），不能精确地关联于空间与时间的测量；

① 这种幻象实质上是第一、二章所讨论的幻象：即全体存在被看成是由基本静止的破碎所组成的。

相反，它覆盖着一个多少是模糊定义的、在空间和时间中扩展的区域。一个时刻的范围和绵延，根据所讨论的境况可以从非常小变到非常大（在人类历史中，甚至一个特定的世纪也可以是一个“时刻”）。像意识一样，每个时刻都有一定的显析序，而且，它卷入了所有其他的时刻，尽管是以它自己的方式。所以，在整体中每一时刻跟所有其他时刻的关系，是被其总内容所隐含的：它“容纳”所有被卷入其中的其他时刻的方式。

在某些方面，这种观念类似于莱布尼兹的单子的思想，每个单子都以自己的方式“反映”着整个宇宙（有些是很详细的，而其他则是相当模糊的）。区别在于，莱布尼兹的单子是永久的存在，而我们的基本元素只是时刻，因而不是永久的。怀特海的“实际场合”(actual occasions)的思想比较接近于我们这里所提议的思想。其主要的区别是，我们用隐缠序来表达我们的时刻的性质与关系，而怀特海则以完全不同的方式来表达。

现在，我们记起隐缠序的定律是这样的：存在一种构成显析序的、相对独立和复现的、稳定的子总体，当然，它基本上就是我们在日常经验（以某些方式被我们的科学仪器所扩展）中共同接触到的序。先前的时刻一般都留下一条在后继时刻连续着的痕迹（通常是被卷入的），尽管这痕迹可能几乎是无限制地变化和变换。在这意义上，隐缠序在自身中为记忆之类的东西留下了余地。根据这痕
264 迹（例如，在岩石中的），我们原则上能够展出过去时刻的图像，在某种程度上这图像类似于过去实际发生的事情。利用这些痕迹，我们设计诸如摄影机、磁带录音机和计算机储存器等仪器，它们能够如此记录下各实际时刻：比起一般只从自然痕迹中得到的东西

来，关于发生过的东西的更多内容，被弄得可为我们直接获得。

事实上，人们可以说：我们的记忆是上述过程的一个特例；因为，所有被记录的东西是卷入在脑细胞中而被包容的，而这些脑细胞只是一般物质的一部分。因此，我们自身的、作为一个相对独立的子总体的记忆，是作为维持一般物质的显析序中的复现和稳定性的同一过程的一部分而产生的。

于是，可以得出结论：意识的显析和呈现序与一般物质的显析和呈现序并不是根本不同的。它们基本上是一个总序的实质不同的两个侧面。这说明了一个我们早已指出的基本事实：一般物质的显析序实质上也就是日常经验中为意识所感觉到的显析序。

不仅在这方面，而且如我们看到的，在范围广泛的其他重要方面，意识和一般物质基本上是同一种序（即，作为一个整体的隐缠序）。如我们早已指出的那样，这序就是使这两者的关系成为可能的东西；但更具体一点，关于这种关系的本性我们该说些什么呢？

我们可以先来考虑作为相对独立的子总体的个体人，及其总过程（例如，物理的、化学的、神经的、精神的等过程）的、使他能生存一段时间的充分复现和稳定性。我们知道此过程中的一个事实，即：生理状态能够在许多方面影响意识的内容。（最简单的例 265
子是，激动时我们能够意识到神经系统的兴奋。）反过来，我们知道意识的内容可以影响生理状态（例如，一个有意识的意向可使神经兴奋、肌肉抽动、心搏改变，以及腺活性与血化学的改变等）。

心灵和肉体的这种联系通常称为心身的（psychosomatic，来源于古希腊语“psyche”和“soma”，前者的意思是“心灵”，后者的意思是“肉体”）。然而，人们通常是这样来使用这个词的，即以为心灵和肉体是分离存在、但通过某种相互作用而联系起来的。这种含义与隐缠序不相容。在隐缠序中，我们必须说，心灵卷入了一般的物质，从而卷入了特殊的肉体。同样，肉体不仅卷入了心灵，而且在某种意义上也卷入了整个物质宇宙。（以本节较早时所阐述的方式，这两者是通过诸感官以及通过以下事实而相互卷入的，这事实就是：肉体的构成原子实际上是一些原则上被卷入于全部空间之中的结构。）

事实上，这种关系已经在7.4节中遇到过了，在那里我们提出了高维实在的观念。高维实在投影成为低维元素，这些元素不只是具有非定域关系和非因果关系，而且恰具有我们为心灵和肉体而提示的那类相互卷入的关系。所以，我们被引向进一步提出：更综合、更深层和更内在的现实性既不是心灵也不是肉体，而是更高维的实在，它是心灵和肉体的共同基础，从而在本性上超越了这两者。于是，心灵或肉体都只是一种相对独立的子总体，这意味着这种相对独立性是从高维的基础中衍生出来的；在此高维基础中，心灵和肉体最终只是一个东西（这颇像我们的发现：显析序的相对独立性是从隐缠序这一基础中衍生出来的）。

266 在这种高维基础中，隐缠序普遍存在。因此，在这种基础之内，现存的东西就是在思想中被表达为隐缠序的许多阶段共存的运动。与之前考虑过的较简形式的隐缠序一样，某一时刻的运动状态通过内在于总体事态中的更内在必然性之力而展出，以引起下一时刻的一种新事态。这高维基础的投影，如心灵和肉体，在稍晚的时刻都不同于它们在稍早的时刻所是的东西，尽管这些差异当然是相关联的。所以，我们并不说心灵和肉体因果地相互影响，而说这两者的运动是共同的高维基础的相关投影的产物。

当然，甚至这种心灵和肉体的基础也有其局限性。如果我们想适当地说明实际发生的事情，至少我们显然必须包括肉体之外的物质，并且，这最终必须包括其他人以至包括作为一个整体的社会和人类。然而，在这样做时，我们必须小心谨慎，切不可滑回到认为任何给定总情况的各种元素拥有比相对独立性更多的东西。从一种更深层、一般更适当的思维方式来看，这些元素统统都是更高“维”子总体中的一个投影。所以，设想（例如）每个人是一个与他人、与自然界相互作用的独立的实在，那完全是误解而且事实上是错误的。相反，所有的人都是一个单一总体的不同投影。当一个人参与到这个总体过程之中时，他在旨在改变那种构成其意识内容的实在的活动中被根本改变了。如果没有考虑到这一点，他在所作所为中就必然陷入严重而持久的混乱。

在心灵这方面，我们也可以看到，必须继续寻找更广泛的基 267
础。例如，我们已看到，意识的易于把握的显内容是被包容在更大的隐含（或隐缠）背景之中的。显然这后者又必定被包含在一个甚至更大的背景之中，这个更大的背景不仅可以包括我们一般没有意识到的各个层次上的种种神经-生理过程，而且可以包括一个甚至更大的、未知（事实上最终不可知）其内在深度的背景。这背景可能类似于充斥着被感知为“空的”空间的能量“海”①。

① 在某些方面说，这种“无意识”背景的思想是跟弗洛伊德（Freud）的思想相类似。然而，在弗洛伊德的观点中，无意识具有完全明确的和有限的内容，因此不能和我们提出的无意识背景的无限性相提并论。也许，弗洛伊德的“海洋似的情感”（oceanic feeling）比他的无意识观念更接近我们的观念。

不管意识的这些内在深度的本性是什么，它们都是显内容和通常叫作隐内容两者的真正基础。虽然这基础不可能出现在通常的意识之中，但它仍能以一定方式存在。正如空间中的浩瀚能量“海”呈现于我们的感知的是一种空洞或虚无的感觉一样，显意识后面浩瀚的“无意识”背景以及其种种蕴涵也是以同样的方式存在的。这就是说，它可以作为一种空洞、虚无而被感知，在其中意识的通常内容只是正消失着的小小花絮。

现在，让我们来简要地考虑在这个关于物质和意识的总序中就时间可以说些什么。

首先，众所周知，时间作为在意识中被直接感觉和经验到的东西，它是高度可变和相对于各种条件的（例如，根据对所涉不同人的不同兴趣，不同的人甚至同一个人对于一给定期间的感觉也可以是长短不一的）。但在普通经验中，物理时间似乎是绝对的、不依赖于条件的。然而，相对论的一个最重要的蕴涵就是：物理时间可以根据观测者的速度而变化，在这个意义上，物理时间事实上是相对的。（然而，只是在我们接近光速时，这种变化才有意义；在日
268 常经验领域内它完全可以被忽略。）在当前的境况中紧要的问题是：按照相对论，空间和时间之间的尖锐区分不可能维持（这区分只有作为一种近似，在速度小于光速时才有效）。因此，既然量子理论认为，空间中分离的元素一般是高维实在的非因果、非定域关系的投影，那么，由此得出结论：时间中分离的时刻也是这种高维实在的投影。

显然，这导致了关于时间含义的一种全新观念。在普通经验和物理学中，一般都把时间看成是第一性的、独立的和可普遍运用

的序，它或许是我们知道的最基本的序。现在，我们被导向提出：时间序是第二性的；而且，像空间一样（参见 7.5 节），作为一种特殊序它也是从高维基础中衍生出来的。事实上，人们可以进一步说，对于不同组的时刻序列（对应于以不同速度运动的物质系统），许多非常特殊的相互关联的时间序能够被衍生出来。然而，它们全都依赖于不能用任一时间序或这种时间序的组来充分理解的多维实在。

类似地，我们被导向提出：这种多维实在可在意识中投影成许多时刻序列。在这里，我们心中不仅有上面讨论的心理时间的相对性，而且还有微妙得多的蕴涵。例如，相互十分熟悉的人可能长时间（如用钟所记录的时刻序列来量度的）分开，然而他们常常能“停驻在他们分手的地点”，仿佛时间没有流逝一样。我们在这里要提议的是：“跳过”中介空间的时刻序列正是可允许的时间形式，就像那些似乎是连续的时间形式一样①。

于是，时间的基本定律就是浩瀚的多维基础的定律，而从这基础中产生的投影确定着可能存在的时间序。当然，这定律可能是 269
这样的：在一定的极限情形中，时刻序近似地对应于由简单因果律所确定的东西。或者，在一个不同的极限情形中，这序可能是一种高级别的复杂序，如第五章所指出的，这种复杂序近乎是通常叫作随机序的东西。这两种极限情形覆盖了在日常经验以及经典物理学领域中所发生的绝大部分事件。然而，在量子领域以及与意识有关的领域，或者在与理解生命的更深层、更内在的本性有关的领

① 这对应于量子理论的下述要求：即在空间中电子可以不通过中间状态而从一种状态过渡到另一种状态。

域中，这些近似将被证明是不合适的。因此，人们必须继续把时间看作是多维实在投影成的时刻序列。

这种投影可被描述为创造性的，而不是机械性的。因为人们用创造性所指的正是一种新内容的开始，这新内容展出成为一个不能完全从早先这个序列或这样的序列组衍生出来的时刻序列。于是，我们是在说：运动基本上是这种新内容的创造性开端，它是从多维基础中投影出来的；与此形成鲜明对照的是，机械性的东西是一个能从基本上是创造性的展出运动中抽象出来的相对自主的子总体。

那么，我们如何把生命的演化看作是如生物学中所普遍表述的那样呢？首先，必须指出，“演化”[evolution，它的字面意义是“展现”(unrolling)]一词的涵义过于机械，因此不能适用于这里的境况。如上面所指出的，我们应该说：各种连续的生命形式是创造性地展出的；并且，是在这样一个意义上说的，即后来的生命形式不可能通过一个结果出自于原因的过程完全从先前的生命形式导出(尽管在某种近似情形中，这种因果过程可说明生命序列的一些有限方面)。生命的展出定律是浩瀚的多维实在的一种投影，不考
270 虑浩瀚的多维实在，这种展出定律就不能得到正确的理解(除非在一种粗略的近似中，在这种近似中量子理论以及超越该理论的东西的种种蕴涵可以被忽略)。

这样，我们的总进路便把关于宇宙、一般物质、生命以及意识的本性的问题集合到一起了。所有这些都被看成是一个共同基础的各种投影。至少就它可以被我们感知和认识而言，在我们意识展出的现阶段，我们可称之为一切现存事物的基础。虽然我们没

有详细地感知和认识这一基础，但是在某种意义上，它仍是以我们所梗要介绍的方式以及可能以有待发现的其他方式卷入我们的意识之中的。

这一基础是一切事物的绝对目的吗？从我们倡议的关于“所有现存事物总体”的一般本性的观点来看，原则上可能存在超越这一基础的、进一步的无穷发展，在这意义上，我们甚至认为这一基础只是一个阶段。在这发展的每一特殊时刻，每个可能产生的这样的观点集至多构成一种倡议。这种倡议不应被看成是关于终极真理的一个假定，更谈不上是关于终极真理本性的一个结论。毋宁说，这种倡议把自身变为一种包括着我们以及我们思维和实验考察的对象在内的存在总体中的主动因素。关于这一发展过程的任何进一步倡议，像已经提出的那些一样，必须是可行的。这就是说，人们要求这些倡议具有一般的自洽性以及从一个有活力的整体中产生出来的诸事物之间的一致性。通过这总体中的一种更深层、更内在的必然性之力，事物的某种新状态可能出现；在其中，我们所知晓的世界以及我们关于它的思想可能会经历一个无终止的、更进一步的变化过程。

这样，我们实质上已提出了我们的宇宙论以及我们关于有一 271
个自然终止（尽管，当然只是暂时终止）的总体的本性的一般观念。从这里出发，我们可以进一步从整体上鸟瞰它，或许能增加一些在这种必然的粗略处理中所遗漏的细节。在这之后，人们可继续探究上述类别的各种新进展。

图书在版编目(CIP)数据

整体性与隐缠序:卷展中的宇宙与意识/(美)戴维·玻姆著;张桂权译.—北京:商务印书馆,2024
(汉译世界学术名著丛书:120年纪念版:珍藏本:增订本)
ISBN 978-7-100-23776-5

Ⅰ.①整… Ⅱ.①戴…②张… Ⅲ.①量子论—研究
Ⅳ.①O413

中国国家版本馆 CIP 数据核字(2024)第 078072 号

汉译世界学术名著丛书
(120 年纪念版·珍藏本·增订本)
整体性与隐缠序
卷展中的宇宙与意识
〔美〕戴维·玻姆 著
张桂权 译
洪定国 查有梁 校

商 务 印 书 馆 出 版
(北京王府井大街 36 号 邮政编码 100710)
商 务 印 书 馆 发 行
北京通州皇家印刷厂印刷
ISBN 978-7-100-23776-5

2024 年 5 月第 1 版 开本 710×1000 1/16
2024 年 5 月北京第 1 次印刷 印张 18¾
定价:102.00 元